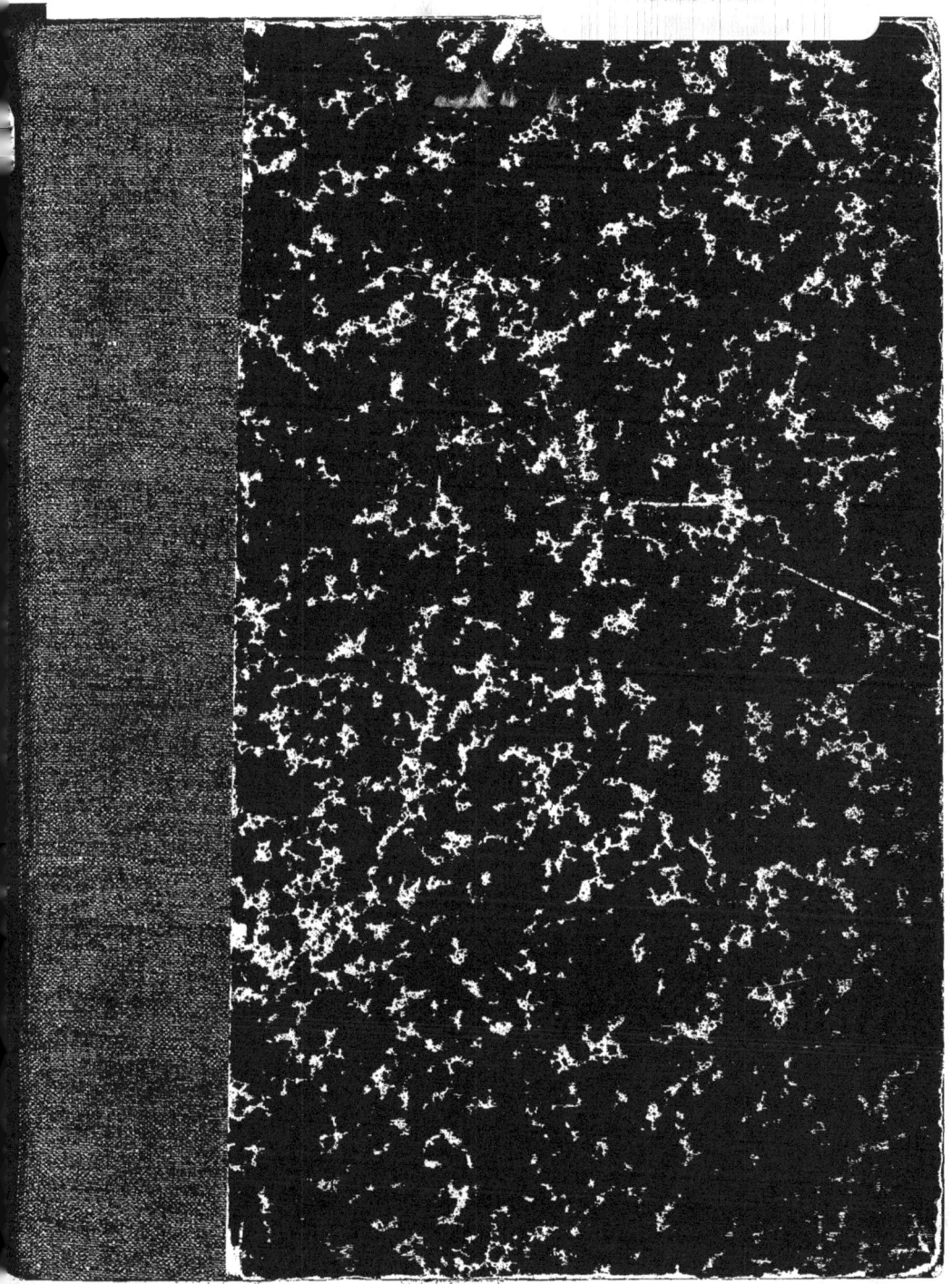

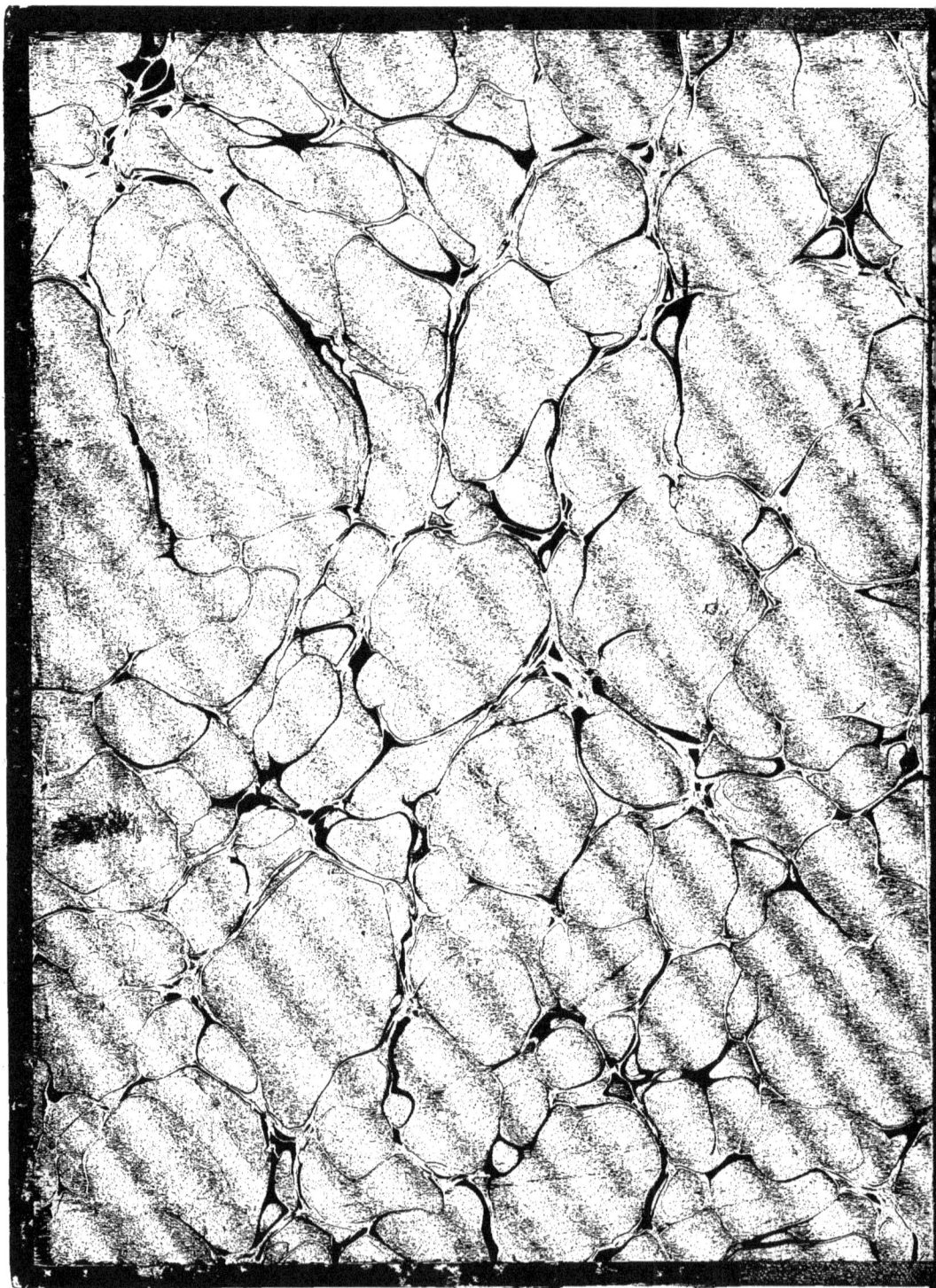

LETTRES D'UN CHIEN ERRANT

Sur la Protection des Animaux

E. DENTU, Éditeur, 3, place de Valois, PARIS

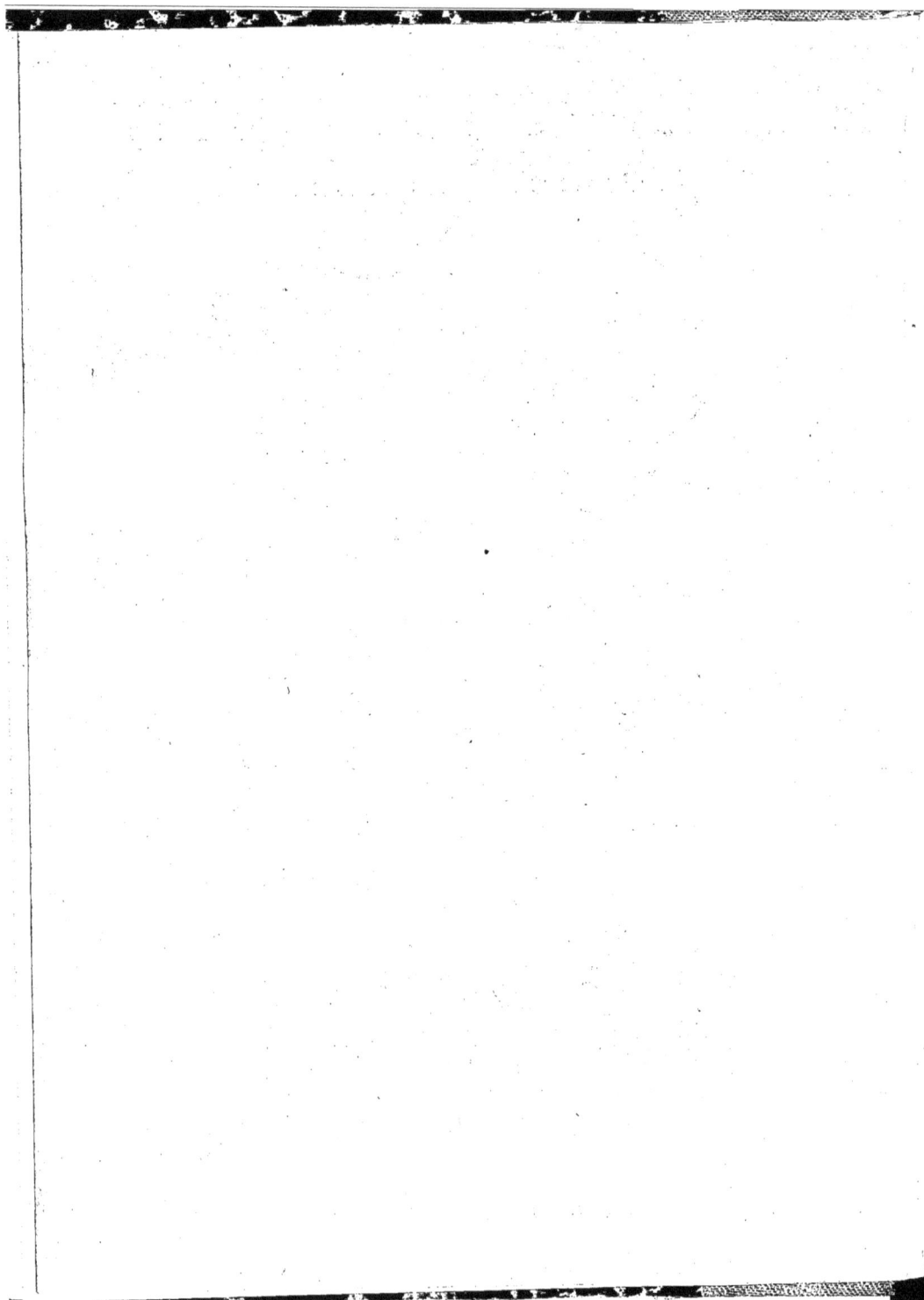

LETTRES

D'UN CHIEN ERRANT

SUR LA

PROTECTION DES ANIMAUX

> « J'ai plus aimé les bêtes à mesure que
> « j'ai mieux connu les hommes. »
>
> Mme DE STAEL.

Il a été tiré de cet ouvrage 25 exemplaires sur papier impérial du Japon, numérotés à la presse, au prix de. . . . . 40 fr.

LA PROTECTION

LETTRES

D'UN

CHIEN ERRANT

SUR LA

PROTECTION DES ANIMAUX

MISES AU NET

PAR

Louis MOYNIER

LETTRE-PRÉFACE DE LÉON CLADEL

POÈME INÉDIT DE JEAN RICHEPIN

DESSINS ORIGINAUX DE :

Léon BARILLOT. — BENJAMIN-CONSTANT. — Jean BÉRAUD. — P. BEYLE.
Mlle Rosa BONHEUR. — Félix BRACQUEMOND. — André BROUILLET. — BRUNET HOUARD.
Félix BUHOT. — Georges CALVÈS. — G. CLAIRIN. — É. DAMERON.
Édouard DETAILLE. — E. DUEZ. — Henri DUPRAY. — A. DURST. — E. FRÉMIET.
Charles FRÈRE. — Amand GAUTIER. — J.-L. GÉROME. — H. GERVEX. — Edmond GRANDJEAN.
Émile GRIDEL. — Gaston GUIGNARD. — C. HERMANN-LÉON.
Georges JEANNIOT. — Roger JOURDAIN. — Jean-Paul LAURENS. — L. LEFÈVRE DESLONCHAMPS.
A.-E. MÉRY. — Mme Euphémie MURATON. — Henri PILLE. — PUVIS DE CHAVANNES.
Th. RIBOT. — G. ROCHEGROSSE. — A. ROLL. — F. ROYBET.
Alfred STEVENS. — G. SURAND. — P. VAISON. — J. VEYRASSAT.
A. VOLLON. — Edmond YON. — Henri ZUBER.

E. D.

PARIS

E. DENTU, ÉDITEUR

LIBRAIRE DE LA SOCIÉTÉ DES GENS DE LETTRES

3, PLACE DE VALOIS, PALAIS-ROYAL

1888

Tous droits réservés.

Léon Cladel à l'Auteur

Environ une couple d'heures après avoir reçu les bonnes feuilles de votre ouvrage, je les lus, même les relus, monsieur Moynier, et j'essayerais en vain de vous dire combien il m'a touché. De même que vous, ami de nos frères inférieurs, et qui l'emportent sur nos congénères en un point tout au moins, car les bêtes, elles, ne trahissent jamais personne, il y a longtemps que j'aurais cessé de vivre de leur chair ainsi qu'Élisée Reclus, le rigoureux légumiste qui les aime autant que ses semblables, si l'état trop précaire de ma santé ne me condamnait à m'en nourrir. Et maintenant ai-je bien compris la lettre que m'adresse en votre nom Edmond Bailly, le poète-musicien que vous et moi nous affectionnons également, et dans laquelle il me prie d'écrire quelques lignes d'avant-propos pour votre livre? Hé, ma foi, je ne sais. Sont-ce des vers qu'il vous faut? Oui... Dame! en ce cas, il ne m'est possible que de vous en offrir de très âgés, car il y a déjà près d'un quart de siècle que je n'en produis plus, et, de ces vieillots-là branlant leur chef en cadence et flageolant sur leurs six guiboles, en voici vingt-huit seulement en deux sonnets se référant au sujet que vous traitez et dont le plus jeune : LE LION, interprété par le crayon de Gustave Doré, lequel artiste n'y vit que du feu, me valut, de la part de plusieurs plumitifs de l'époque, une effroyable avalanche de gloses d'assez basse envergure et de quelle épaisse obscurité :

C'était un familier des gorges du Dahran :
Les échos éclataient à sa voix de tonnerre,
Et les aigles groupés à la gueule d'une aire
Regardaient miroiter sa robe de safran.

Les graves chameliers qui chantent le Koran,
Le voyant accroupi sous la clarté lunaire,
Disaient : c'est le rêveur auguste et débonnaire,
Toujours doux à l'esclave et féroce au tyran.

Et les petits oiseaux le frôlaient de leurs ailes
Quand il passait, tranquille, au milieu des gazelles,
Méditant on ne sait quelles rébellions.

Mais lorsqu'il rugissait en gonflant l'encolure
Et ruant dans les airs sa grande chevelure,
Tout tremblait : l'aigle et l'air, la terre et les lions!

*Ah! volontiers, je le confesse, ce fauve quelque peu
symbolique et chimérique aussi fut imaginé plutôt
qu'aperçu, mais, que voulez-vous, sous le dernier
Empire, avant le Mexique et Sadowa, aëdes ou bardes,
troubadours ou trouvères, tous les chantres de ma génération étaient non moins romantiques que leurs aînés
de 1830, ce qui ne les empêchait guère de peindre
à l'occasion une bourrique aussi réelle que* MON ANE,
*excellent être (oh! celui-là, par exemple, je l'ai bien
connu!) que je célébrai de mon mieux sur ma viole ou
ma syrinx et que ce pauvre Jules Héreau, le peintre
normand que les politiciens d'après la Commune, eux
qui n'ont jamais aidé, ni leurs antagonistes ni leurs
partisans, personne hormis eux-mêmes, obligèrent à se
tuer pour ne pas mourir de faim avec sa femme et ses*

enfants, illustra spontanément d'après la silhouette que j'avais croquée ou plutôt notée comme une gamme, moi (l'Académie, ici, peut-être hurlera, peu m'en chaut), de ce vilain aussi noble cependant qu'un Bourbon ou qu'un Valois :

Il avait sur l'échine une croix pour blason :
Galeux, poussif, arqué, chauve et la dent pourrie,
Squelette, on le poussait tout droit à la voirie;
Je l'achetai cent sous, il loge en ma maison.

Sa langue avec amour épile ma prairie,
Et son œil réfléchit les arbres, le gazon,
La broussaille et les feux sanglants de l'horizon;
Il n'a plus à présent la croupe endolorie.

A mon approche il a des rires d'ouragans,
Il chante, il danse, il dit des mots extravagants
Et me tend ses naseaux imprégnés de lavande.

Mon âne, sois tranquille, erre et dors, mange et bois,
Et vis joyeux parmi mes prés, parmi mes bois;
Va, je te comblerai d'honneurs... et de provende !

Oui, mais pardon, en voilà bien assez, n'est-ce pas, d'alexandrins et des chevilles que la fabrication de

chacun d'eux exige de l'ouvrier même le plus habile à
marier des rimes les moins sympathiques l'une à
l'autre, et laissez-moi, s'il vous plaît, ici vous raconter
à la bonne franquette, c'est-à-dire en un idiome
humain et non divin, l'agonie de ce simple roussin
d'Arcadie que mon père, assez peu disposé vraiment
à garder auprès de lui des bouches inutiles et qui ne
supportait celle-là que pour m'être agréable, avait
surnommé le Rentier. Eh! n'avait-il pas bien gagné
sa retraite et mérité cent fois, ce rural, d'être
accueilli dans un hôtel d'invalides? Après avoir tra-
vaillé plus que de raison, dès son adolescence et durant toute sa maturité, comme de juste il se reposa
pendant sa vieillesse et finit en paix, très choyé non
seulement des bipèdes mais encore de tous les mam-
mifères à quatre pattes de la colonie. Il me souvient
d'avoir vu les génisses et les taurins l'éventer de leurs
fanons ou le lécher de leurs langues rugueuses, et
plus tard, alors qu'il n'avait plus la force de vaga-
bonder à travers le pacage, les deux juments gris-
pommelé du Perche, ses compagnes d'étable, s'appro-
chaient de lui, puis, lui tournant le dos, chassaient de
leurs longues queues bien fournies les mouches qui le

harcelaient, et les deux barbets de la ferme, eux,
s'étant improvisés ses gardes du corps, le protégeaient,
long-étendus autour de sa croupe ou de son poitrail,
un de chaque côté, contre les brebis ou les chèvres qui,
certes, ne lui auraient fait aucun mal, mais qui peut-
être eussent tondu le lit moelleux et frais d'herbes et de
mousses sur lequel, ensommeillé, son crâne montueux
chargé comme un tronc d'arbre de friquets et de roi-
telets, il réchauffait ses membres ankylosés au soleil,
et paraissait parfois saisir le sens de la triséculaire
cantilène favorite des bouviers du Rouergue et des
pâtres du Quercy :

Soyez sages, les bêtes,
On vous soignera bien;
Et viennent les disettes,
Ne manquerez de rien,
　　Rien, rien.

Une chaude litière,
De la paille et du foin
Tout plein la crèche entière,
Avec ça l'on va loin,
　　Loin, loin!...

— XIII —

Y a pas de quoi s'en fiche,
Car, sur terre un chacun
Pouvant mordre à la miche,
Au ciel sera quelqu'un,!
        Qu'un, qu'un!

*Il y a longtemps, fort longtemps, hélas! que je me
suis éloigné de cette prestigieuse région où se perpétue
la vie patriarcale des premiers âges, oh, mais en la
quittant, j'ai conservé d'elle la bonacité de ses ter-
riens pour leurs animaux de trait ou de bât, ou de
garde, et ceux que j'ai toujours eus auprès de moi
partout où j'ai séjourné depuis lors m'ont chéri tout
autant que je les ai chéris moi-même. Eh, tenez,
aujourd'hui, ma petite ménagerie, car la fortune
adverse ne me permet plus d'en avoir une grande
composée de bœufs, de vaches, de chevaux, de mules,
de marcassins, de baudets, de biques et de moutons,
est là serrée autour de moi. Pendant que je grif-
fonne cette feuille volante, ma chatte, une tigresse
royale en miniature, se dorlote couchée en travers
sur mes épaules qui se bombent, tandis que Paf, un
vieux griffon d'arrêt qui n'a jamais arrêté ni poil ni*

plume, appuie son fin mufle sur mes genoux, souriant
aux poussins qui, désirant sans doute un peu de sar-
rasin ou d'avoine, m'appellent au verger où glousse
la maman-poule et claironne le coq tout argent et tout
or, dont ils seront les héritiers inviolables, car ni mes
enfants ni moi, nous ne les ferons jamais cuire, et je vois
là-bas près du kiosque, entre deux abricotiers où
merles et moineaux saluent le tardif avril, le tertre sous
lequel à jamais dort le magnanime épagneul d'Écosse
dont les faits et gestes non plus que ceux du susnommé,
son camarade, ne figurent pas encore dans ma Kyrielle
de chiens, *mon vénérable* Famine, *le plus sûr de mes*
amis, oui, le meilleur! que j'ai perdu voici quelques
mois, lui qui quoique aveugle me suivait à travers la
ville et les bois d'alentour en se guidant avec ses na-
rines, lui qui toujours restait avec moi dans mon ca-
binet de travail en me regardant de ses yeux éteints,
mais si tendres encore, enfin lui qui ne mangeait ni
ne buvait quand l'atroce combat pour la vie m'avait
contraint de le laisser au logis. On sourira peut-être
de ces effusions de mon cœur à l'égard des brutes
moins louches et plus maniables que les hommes, eh!
que m'importe! Il les comprendrait à merveille, s'il

était encore là, mon vieil ami Toussenel, le bel et fier écrivain à qui nous devons de si hautes œuvres, entre autres l'Esprit des Bêtes, et vous les comprendrez aussi, comme lui, j'en suis persuadé, vous, mon cher paysagiste, vous le philanthrope et le zoophile que je ne connais pas encore mais que j'aime déjà... pourquoi? vous l'avez bien deviné, parbleu!

Léon CLADEL.

Sèvres, le 2 Avril 1888.

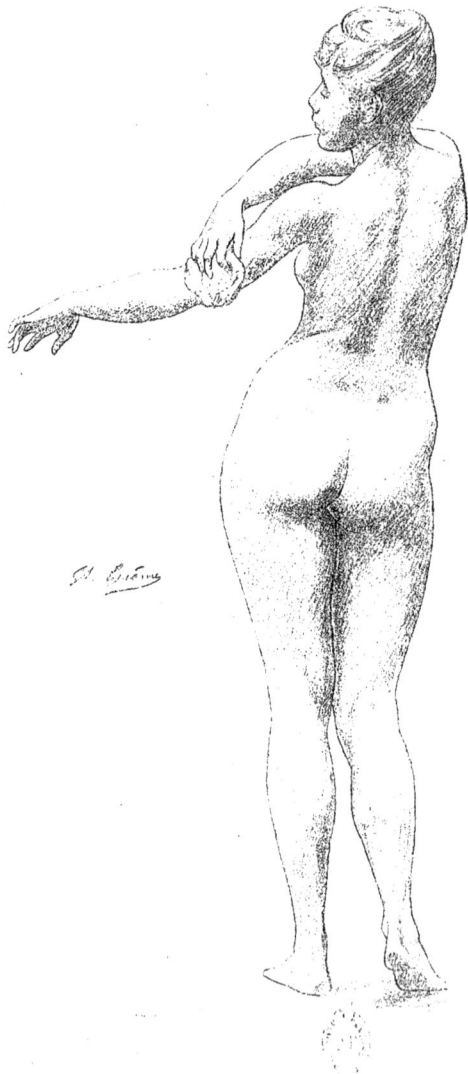

LA GLOIRE DES BÊTES

Comme les bosses qu'a l'éléphant sur le front,
Telle, ô Çakountalâ, tu gonfles ton sein rond ;
Comme sa trompe, alors qu'il marche à la bataille,
Telle se dresse, ferme et flexible, ta taille ;
Et c'est avec son pas berceur, nonchalamment,
Qu'au roulis de tes reins tu viens vers ton amant.
Ainsi Kâlidâsa parle à sa bien-aimée.

Celle qui dort ici, pour jamais embaumée,
Et qui fleurit le cœur de Pêpi-Mêri-Rha,
La belle au corps parfait que l'Égypte admira,
Belle encor sous le lin sacré qui l'enveloppe,

Eut les genoux plus fins que ceux de l'antilope,
Le nez de l'épervier et les yeux du serpent.
Ainsi s'exprime la bandelette qui pend
Aux pieds d'or de Sa-t-Khoum, la reine égyptienne.

De la petite Ouen-Kiang, mime et musicienne,
Les onglés de corail sont des becs de ramier ;
Son casque noir a comme un corbeau pour cimier ;
Et lorsque, toute rose, en chantant elle joue,
Une aile de flamant lui pousse à chaque joue.
Ainsi rêve un lettré, né voici trois mille ans,
Et dont le nom chinois veut dire : œil des milans.

Tel un faon qui bondit, fuyant les javelines,
Telle je cours vers mon aimé par les collines.
Selon sa complaisance ou sa rébellion,
Je suis la tourterelle et je suis le lion.
Sa lèvre est un jardin de roses en corbeille
Où de ma lèvre en feu vient butiner l'abeille.
Ainsi la Sulamite.

A conquérir Abla
Bénis soient tous les maux dont Cheddad m'accabla!

Abla, pour que mon cœur aille au galop vers elle,
N'a qu'à baisser sur moi son regard de gazelle.
De ses cheveux, pareils à ceux des étalons,
Le ténébreux burnous pend jusqu'à ses talons.
Son teint est plus crémeux que le lait des chamelles.
Abla, fière cavale aux mignonnes mamelles!
Ainsi le noir Antar exhale son amour.

Les tigres attelés au timon de Timour
Avaient sous leurs cils droits moins d'or et de sinople
Qu'il n'en est sous les tiens, fleur de Constantinople,
Grecque au parler si doux, aux baisers si cuisants,
Dont les cheveux, la nuit, sont pleins de vers luisants,
Dont l'orgueil est semblable au poulain qui se cabre,
Et dont le regard d'aigle a des tranchants de sabre.
Ainsi pleure Ayoub-Khan, pacha des Osmanlis.

Lillah, colombe, lis en plume, plume en lis,
La blancheur de ton corps devant moi tourbillonne,
O papillon de neige, ô neige papillonne!
Ainsi rime Sâdi, Gongora des Persans.

Qu'importent les blessés et leurs grands cris perçants!
Que le sang d'Ilios et le sang de la Grèce

Ruisselle! Il eût coulé pour toi sans allégresse,
Rancunière déesse aux yeux de bœuf, Héra;
Mais il s'épand joyeux, car ce qui le paiera
Et ce qui fait l'honneur de ce carnage insigne,
C'est la possession d'Hélène au col de cygne.
Ainsi le Mæonide en sa haute équité
Chante, et chante avec lui toute l'antiquité.

C'est elle encor qui fit la grâce souveraine,
Moitié femme, moitié poisson, de la Sirêne.
Et lorsque ensuite vint le Barbare, à son tour
Il inventa la belle Édith au nez d'autour,
Freya pareille au renne allongé pour la course,
Berthe aux pieds de macreuse, Yseult au regard d'ourse;
Car toujours et partout les assembleurs de mots
Comparent dans leurs vers la femme aux animaux;
Car toujours et partout, quelque livre qu'on lise,
Cri de guerrier, chanson de pâtre, hymne d'église,
Jadis, naguère, et du ponant à l'orient,
O bêtes, c'est à vous qu'on voit s'appariant
Les charmes de la femme à qui l'on rend hommage
Et dont l'image ainsi se mêle à votre image.
Et c'est pourquoi, dévot à ce culte animal,
Le poëte défend qu'on vous fasse du mal,

Et d'un cœur fraternel vous parle avec tendresse,
O vous qui lui servez d'ornements quand il dresse
Le temple où resplendit l'idéale beauté,
Bêtes qui dans ses chants avez la primauté,
Archétypes de tous les attraits qu'il dénombre,
Bêtes, cierges du temple, illuminant son ombre,
Bêtes, parfums de notre amoureux encensoir,
Bêtes, rayons vivants du lyrique ostensoir!

JEAN RICHEPIN.

Je remercie de grand cœur
le poète et les artistes de talent
double gracieux concours
m'a permis d'orner ce petit
livre, d'un cadre aussi riche
pour attirer l'attention du
public

S. Moynier

Mars 1887 –

LETTRE I

Vous auriez chance de passer pour un halluciné si vous essayiez de démontrer à certaines gens incultes ou imparfaitement dégrossis, mais pas méchants cependant, que les animaux sont parfois plus intelligents que beaucoup d'hommes, qu'ils raisonnent fort judicieusement et sont souvent plus sociables; on rencontre des individus malpropres, des paysans même aisés, rebelles aux ablutions, qui chassent avec dégoût un chien qui leur lèche la main : ah! le temps est encore éloigné où le rapprochement entre l'homme et les animaux sera résolu, mais alors il sera éternel, car l'enfantement aura duré plusieurs siècles et en pleine civilisation; à vrai dire, nous nous vengeons souvent de ces déplorables préjugés en donnant à messieurs les hommes de vertes leçons de sagacité et de tendresse et en leur prouvant que, tout bêtes que nous sommes, nous les comprenons mieux qu'ils ne nous comprennent.

Abandonné très jeune dans une gare de chemin de fer, un 15 décembre quelconque, époque de la déclaration dérisoire exigée par la loi, j'ai été à même d'acquérir une expérience assez sérieuse, car le temps que je ne donnais pas à la lutte pour la vie, je l'ai consacré à observer longuement les spectacles de la rue, analysant scrupuleusement les actes et le caractère des hommes, nos maîtres.

Après avoir constaté l'antagonisme profond
qui existe entre l'homme et nous, j'ai voulu savoir
de quel côté étaient les torts, et après enquête
minutieuse j'ai été convaincu que c'était du côté de
l'homme.

Peut-être ces notes fugitives écrites à la hâte
intéresseront-elles nos amis qu'elles morigènent
parfois, mais je n'ose espérer qu'elles convertiront les ennemis et les indifférents; en tout cas,
le lecteur y rencontrera de-ci de-là quelques aperçus
pratiques et nouveaux susceptibles d'arrêter son
attention sur certains points négligés jusqu'à ce
jour.

D'ailleurs, ces lettres n'ont d'autre prétention
que de traiter familièrement et sans pédanterie
une question très importante qui a préoccupé
maintes fois des esprits élevés et réfléchis auxquels
nous devons de ne plus être traités comme de
simples objets inanimés et inconscients.

« Avant que parût la loi Grammont, le légis-
« lateur n'avait eu d'autre souci que de protéger la
« propriété, sans se préoccuper de la morale; le
« Code était plus sévère pour la rupture d'un ins-

« trument aratoire que pour la destruction d'un
« animal domestique.

« La loi Grammont, malgré son insuffisance
« notoire, a donc consacré un principe éminem-
« ment civilisateur, en déclarant que la culpabilité
« de l'acte se doit apprécier en dehors du dom-
« mage et des droits du propriétaire, et que, mal-
« traiter ou torturer un animal est un acte punis-
« sable[1]. »

Certes, jamais réformateur ne mérita plus que
le général de Grammont l'honneur d'attacher son
nom à une loi sérieuse, car l'excellent général
faillit être battu par une majorité rétrograde et ne
dut son succès relatif qu'à un amendement qui a
fourni le texte de la loi actuelle, mais sans rapport
avec le projet primitivement déposé devant la
Chambre.

Ainsi, les mots « publiquement » et « domestiques » que contient l'unique article sont tout
simplement des joyeusetés de législateur en go-

---

1. Mémoire présenté par la Société en 1866 au ministre de l'Intérieur.

guette, car c'est reprendre d'une main ce que l'on a donné de l'autre : bien subtile est en effet cette distinction entre les animaux domestiques et non domestiques, comme si la souffrance était graduée suivant les espèces ; et cet adverbe « publiquement » ne démontre-t-il pas l'incompétence absolue de ceux qui l'ont imposé ?

Ils ont été sans doute préoccupés du respect que l'on doit au domicile privé ; c'est très louable assurément, mais c'est..... naïf, car ce simple mot condamne la protection à l'impuissance.

Ce que l'on voit dans la rue ne donne qu'une faible idée de ce qui se passe à l'intérieur des tueries, abattoirs et écuries de toutes sortes : emploi de moyens cruels pour mettre à mort les animaux de boucherie et d'équarrissage, exercice empirique de la médecine vétérinaire entraînant les pratiques les plus barbares de la part des croquants ineptes qui prétendent pouvoir se passer des vétérinaires, etc...

C'est dans les chantiers de travaux, dans les écuries, sur les quais d'embarquement des gares

que les animaux sont le plus battus et martyrisés,
ce n'est que dans l'écurie que l'on peut voir les
blessures que cachent les harnais, une fois l'animal
attelé, et il faut y pénétrer afin de constater l'absence de litière ou l'emploi de la sciure au
lieu de paille comme cela se pratique dans les
administrations les plus importantes même, et
l'existence de foyers d'infections et de miasmes
délétères.

La protection présente deux côtés d'égale
importance : la compassion envers tout être animé
qui souffre, et la conservation, l'amélioration des
diverses races d'animaux dont les mauvais traitements finissent par causer le dépérissement et la
mort; les soins intelligents donnent une plus-
value aux animaux et en assurent la conservation,
c'est incontestable.

Depuis trente-six ans les idées et le progrès
ont marché, et il est grand temps de reconnaître
que la protection des animaux fait partie de votre
organisation sociale.

Ainsi, pourquoi tolérer dans les tueries et
abattoirs la présence des enfants, comme employés

LE CHEVAL DE LABOUR

ou spectateurs, puisque la vue du sang ne peut
que développer un endurcissement qui n'est pas
sans péril pour les caractères faibles, et qu'il est
avéré que, parmi le personnel qui gravite autour de
ces tueries, beaucoup d'individus y ont contracté
des habitudes de cruauté qu'ils conservent dans la
vie privée?

De l'abattoir aux écoles vétérinaires et à l'amphithéâtre, la transition est tout indiquée; aussi
vais-je dire deux mots de la vivisection que de
faux savants ont bruyamment mise à la mode
depuis plusieurs années.

La question ne peut être tranchée en quelques
lignes, d'autant plus que les avis sont partagés et
que les adeptes de ces sanglantes expériences,
vrais virtuoses du scalpel, sont absolument fana-
tisés; mais il est toujours permis de discuter la
légitimité de tortures méthodiques infligées de
sang-froid aux animaux dont la destinée n'est pas
évidemment de servir à des essais aussi cruels,
et surtout aux animaux domestiques, à commencer
par nous, les chiens, sans omettre les pauvres
chevaux.

Et puis, c'est une sottise criminelle, une cruauté inepte de répéter sans cesse des expériences dont les résultats sont acquis et vulgarisés depuis longtemps.

Quelques exemples suffiront, je l'espère, pour éclairer votre religion à cet égard :

Un chien dont les pattes étaient liées fut placé sur un chevalet; on lui coupa la peau que l'on arracha tout le long du dos, de la nuque à la queue; la colonne vertébrale fut mise à nu et les racines nerveuses furent découvertes de façon à ce qu'on pût les toucher avec une pince comme les cordes d'un instrument; à chaque attouchement répondait un cri d'agonie semblable aux sons d'un violon. (École de médecine de Florence). Le Zoophilist du 1er mai 1883.

Le docteur Bouillaud raconte l'opération suivante. (Phrénological Magazine n° 29, page 202, 1878-79[1].)

Il perça avec un foret en fer deux trous dans le

---

1. D. Metzger. Science et vivisection. Paris 1887.

front d'un jeune chien; puis, par ces ouvertures
béantes, il enfonça un fer chauffé à rouge dans chacun des lobes antérieurs du cerveau. Grâce à cette
manœuvre, l'animal était privé de la connaissance
des objets extérieurs; on le poussait pour le faire
marcher et il buttait contre tous les obstacles
en hurlant désespérément. Parfois il s'endormait,
mais pour peu de temps, et aussitôt réveillé, ses
cris lugubres recommençaient.

« *Nous essayâmes, dit M. Bouillaud, de le faire
tenir tranquille en le battant, mais il cria encore
plus fort. Il ne comprit pas la leçon, il était incor-
rigible.* »

Ces pratiques barbares ont lieu sous le couvert
de la science, afin d'en excuser l'horreur, bien que
l'utilité en ait été souvent contestée par des savants
autorisés qui ont avoué ne leur devoir en rien
la solution des grands problèmes du mécanisme
de la vie humaine, la circulation du sang par
exemple.

Il est même très piquant de reproduire les avis
émis par les découpeurs les plus émérites au sujet
de leurs propres travaux.

Magendie, après avoir sacrifié 4,000 chiens pour démontrer un problème résolu depuis un siècle, en immola 4,000 autres pour se réfuter lui-même; et l'on prétend que Schiff fit périr 14,000 animaux en vingt ans.

Goltz, de Strasbourg, celui qui se félicitait de ce que personne n'eût encore réussi à conserver en vie aussi longtemps que lui les animaux dépecés, Goltz déclarait « qu'il n'arrive pas souvent que « dans les questions relatives à la physiologie du « cerveau, deux hommes soient d'accord ».

Brown-Sequard confesse que « les enseignements de la vivisection, quant aux fonctions du cerveau, ont été un tissu d'erreurs, et n'ont été corrigés que par des observations cliniques sur l'homme ».

Enfin, Ch. Bell fait observer que « la confusion est le plus saillant résultat de la vivisection, elle constitue pour la science *un état d'anomalie des plus dangereux*[1] ».

Est-il donc nécessaire d'être savant (?) pour se

1. D. Metzger. Science et vivisection. Paris 1887.

rendre compte que les constatations obtenues sur des animaux au moyen de tortures et de mutilations ne donneront jamais une idée exacte de ce qui se passe normalement dans l'organisme de l'homme.

Cette façon de rechercher la vérité a quelque analogie avec la bonne vieille inquisition qui fit jadis les délices des savants et des hystériques mâles de l'époque.

Pour le moment on doit se borner à informer le public des abus révoltants et des cruautés sans nom commis gaiement sans nécessité par des forcenés qui n'ont pas craint de proposer tout dernièrement la vivisection humaine !

Qu'on y prenne garde, la pente est fatale et rien ne prouve que certains malades abandonnés « sans famille » dans les hôpitaux, n'aient point emporté avec eux le secret d'expériences qui ont fait « avancer la science ». (Cliché consacré).

D'autre part, les courses, ferrades et combats de taureaux sont tolérés dans le Midi et l'on se procure des sangsues en abandonnant dans un marais de vieux chevaux encore assez vivants pour mourir d'une agonie atroce.

Enfin, les paysans ignorant leurs propres intérêts persistent à détruire les oiseaux utiles, zélés gardiens de leurs récoltes.

Après avoir présenté ces quelques considérations générales et signalé certaines réformes urgentes, je déclare en connaissance de cause que la Société protectrice des animaux est responsable dans une large mesure de toutes les iniquités commises et du *statu quo* affligeant dont les animaux sont les victimes résignées, car c'est à elle qu'il appartient de poursuivre l'application des principes que représentent ses statuts, et de se tenir sur la brèche sans trêve ni merci, toujours prête à livrer le bon combat contre l'ignorance et les préjugés.

La Société ne doit pas laisser s'écrouler l'édifice superbe que des hommes de cœur et d'action ont élevé il y a quarante ans, sans souci des critiques intéressées et des plaisanteries saugrenues, en inscrivant à son fronton cette belle devise :

JUSTICE, COMPASSION ET MORALE.

Est-elle présentement en état de supporter un héritage aussi lourd ?

C'est ce que je tâcherai d'établir dans une prochaine lettre.

3

LETTRE II

Janvier 1886.

N qualité de gamin de Paris, j'ai le privilège de me faufiler à peu près partout; aussi m'a-t-il été donné d'assister plusieurs fois aux réunions mensuelles de la Société protectrice des animaux.

Eh bien, j'en suis sorti ahuri et découragé; des

discussions oiseuses, des cancans et des bavar-
dages, voilà tout le bilan d'une séance.

L'élément féminin domine et gouverne pour le
quart d'heure à l'ombre d'un président soliveau;
les hommes, c'est-à-dire quelques hommes, viennent par habitude ou par curiosité, en simples
spectateurs, et c'est tout.

On sent que la Société est en proie à un malaise
d'autant plus grave qu'il n'est pas facile d'en préciser les causes; en ces derniers mois, c'est-à-dire
au moment des élections partielles, la crise a
atteint un tel degré d'acuité que, si la notion
exacte de la réalité n'impose pas sans délai silence
aux récriminations ardentes et aux ambitions
bruyantes, on marchera à la désorganisation pour
aboutir à la dissolution inévitable.

On ne travaille pas, car l'agitation chronique
n'est pas le travail, on piétine, on réclame des
réformes absurdes, toujours les extrêmes, de telle
sorte qu'on épuise les efforts, et qu'on rebute
les bonnes volontés; que de choses utiles on
eût accomplies en consacrant à des discussions
substantielles tout le temps que l'on a perdu

à batailler pour ou contre telle ou telle personna-
lité !

Il est pourtant démontré que toutes les assem-
blées qui ont négligé le travail pour les querelles
byzantines et se sont constituées en groupes
ennemis, se sont déconsidérées en détruisant tout
sans rien créer et sont tombées sans honneur
sous le mépris et le ridicule.

Hâtez-vous de liquider au plus tôt un passé
déjà bien lourd, et de déblayer une situation qui
serait désespérée si vous tardiez un peu ; les antagonistes sérieux et les hâbleurs ne peuvent que se
réjouir de vos dissentiments, et les méchants
auront la satisfaction d'assister au suicide d'une
institution dont il ne restera bientôt plus que
le titre respectable et honoré.

Les femmes, les jeunes filles surtout, en se
mêlant avec ardeur aux débats irritants, en les
provoquant même, courent le risque de compromettre leur dignité et l'avenir de la Société, ce
qui est plus grave.

Les idées les plus généreuses, les vérités les
plus tangibles, le progrès en un mot ne s'imposent

que par le calme qui dénote la force dans la con-
ception et la persévérance dans l'application ;
la violence provoque les résistances ou le découragement et presque toujours la réaction.

La femme n'a-t-elle pas une mission assez
enviable et bien digne de la tenter ? n'est-ce donc
rien que d'user de sa finesse, de son prestige
pour répandre ses doctrines à profusion dans le
milieu où l'on vit ?

N'est-on pas récompensé de son zèle lorsqu'on
a conscience d'avoir fait des prosélytes en prê-
chant la douceur envers les animaux, en exaltant
leurs mérites et en intéressant les auditeurs au
récit des souffrances de leurs frères inférieurs ?

La Société protectrice peut se diviser en trois
fractions très inégales, au point de vue de la protection :

1° Ceux qui aiment le chien exclusivement et
ne s'intéressent qu'à lui seul ;

2° Ceux qui protègent tous les animaux, mais
pour lesquels le cheval est le plus digne d'intérêt,
parce qu'il est le plus malheureux d'entre nous.

LE CHEVAL DE GUERRE

3° Enfin les indifférents, les timorés, les amateurs, et c'est hélas le plus grand nombre.

La protection envers le chien est la plus facile
à exercer, parce que ce n'est la plupart du temps
qu'une question d'argent pour le recueillir et lui
éviter l'amphithéâtre; le chien est plus indé-
pendant, sa nature essentiellement domestique
lui attire souvent l'amitié ou simplement l'indul-
gence de l'homme qu'il défend ou amuse.

Quant au cheval et autres animaux de trait et
de boucherie, la question est plus complexe et le
« métier » plus pénible et plus périlleux.

Là pas d'argent, mais de l'énergie, une grande
expérience et un profond mépris des injures, des
menaces et du danger.

Je ne mentionne les amateurs que pour regretter qu'une Société dont le but exige une
activité continuelle soit obligée de les compter
dans ses rangs afin de grossir les fonds nécessaires
à son existence.

L'amateur se dit protecteur parce qu'une fois
par hasard, sur un boulevard élégant, il aura blâmé
un acte de brutalité; mais le plus souvent, comme

4

il n'a pas le courage d'intervenir dans les circonstances graves et qu'il tient néanmoins à produire
pour ses 10 francs d'effet, il se présente en qualité
de témoin contre... l'intervenant : cette lâcheté est
d'autant plus odieuse qu'elle surexcite les intéressés heureux de cet appoint inattendu d'un soi-
disant protecteur contre un homme qui remplit un
devoir que cet individu trahit impunément.

La protection vraie et efficace consiste à être
toujours en éveil dans la rue, autour de soi, sans
préoccupation du milieu où l'on est, ou du secours
à espérer, nuit et jour, partout et principalement
dans les endroits déserts où les butors règnent en
maîtres ; ou bien encore à rappeler sans cesse les
charretiers et les cochers à leurs devoirs professionnels en vue d'améliorer le sort des animaux
qu'ils conduisent.

Le charretier n'est que dangereux et on le
connaît, mais le public est pénible et désespérant
et son ineptie vous étonne toujours bien qu'on y
soit habitué.

La protection ne peut être assurée que par la
répression : tout autre moyen est illusoire car les

individus bornés et pervertis ne reconnaissent que la force brutale dont la loi est l'expression correcte.

Les récompenses ont certainement du bon, ne serait-ce que pour servir de certificat, mais elles ne convertiront jamais les natures méchantes chez lesquelles elles ne stimuleront que l'hypocrisie, surtout s'il s'agit de primes en argent.

On peut affirmer qu'une Société protectrice des animaux acquerrait un prestige considérable si elle possédait seulement 500 protecteurs convaincus, instruits, doués de tact, de sang-froid, d'une résolution inébranlable et d'une foi ardente.

Évidemment, la Société actuelle deviendra une quenouille entre les mains des femmes, voilà le danger.

Mais que font les hommes ? Comment pourraient-ils justifier leur défection ?

Cette prépondérance de l'élément féminin est contraire à l'esprit de votre institution; la Société est essentiellement une œuvre de répression à laquelle sont subordonnées l'influence moralisatrice et la propagande de sentiment, c'est donc aux hommes qu'en revient la direction parce qu'ils possèdent l'énergie raisonnée, le calme et l'esprit de suite dans les idées.

Les femmes sont plus dangereuses qu'utiles par leur pétulance, la mobilité de leurs impressions, et surtout par la sentimentalité ridicule dont les fâcheux effets rejaillissent sur les hommes d'action, d'ailleurs fort rares, il faut bien le confesser.

Croirait-on que dans le crime même, le coupable conserve un grain d'amour-propre? c'est bizarre, mais ça est.

Ainsi le repris de justice, absolument décidé à défendre sa liberté, se rendra sans résistance à l'agent de la sûreté dont il connaît la résolution et le courage, il s'avouera vaincu par plus fort que lui et son orgueil n'en souffrira pas; eh bien, tel charretier qui acceptera les observations d'un homme énergique et compétent, n'admettra pas qu'une femme ou un jeune homme l'admoneste et le réprimande; question d'amour-propre.

Cette remarque suffit à elle seule pour condamner la présence des femmes dans votre Société.

Surveillez votre ménage, mesdames, élevez

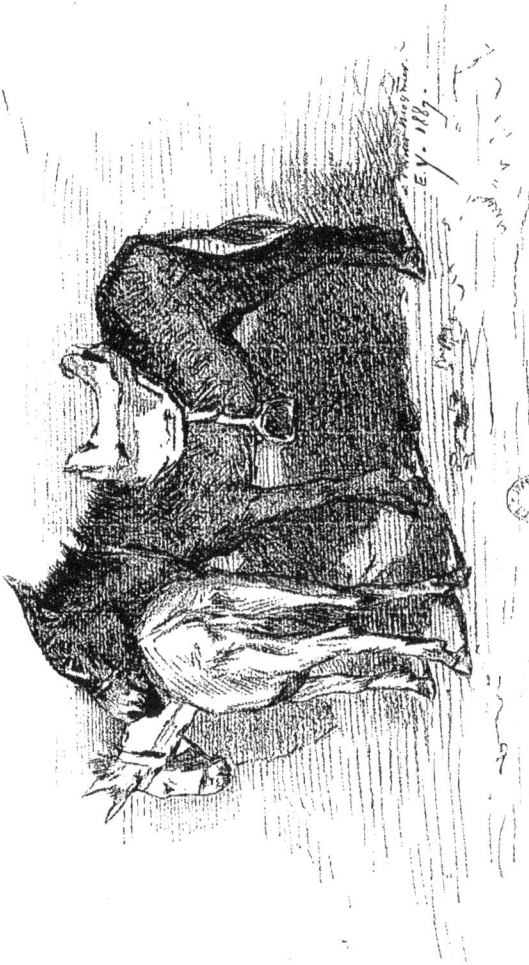

LES ANES DE ROBINSON

dignement vos enfants et ne copiez pas les jaco-
bines en jupon que détraque la politique; occu-
pez-vous de propagande chez la modiste ou le
couturier, chez Seugnot ou au bois, mais évitez le
ridicule, de grâce, évitez-le, car il tue les plus
grandes conceptions et peut arrêter subitement le
progrès en marche.

A l'œuvre, messieurs, réattelez-vous à la
besogne, bien que le collier vous ait parfois
blessés; songez au long martyre de la plupart
d'entre nous qui vous aimons et que vous trouvez
à vos côtés aux jours de péril ou de misère.

Nous ne vous demandons que votre amitié,
moins que cela, votre protection, en échange de
notre dévouement à votre personne et à vos
intérêts.

Vous trouverez bien parmi vous des hommes
d'une notoriété incontestable, d'un mérite éprouvé,
des hommes dont le nom ouvre toutes les portes;
votre institution n'est pas une entreprise commer-
ciale ou financière à laquelle suffisent des jeunes
gens bien gentils, des bourgeois égoïstes et poltrons; vous représentez une noble et grande cause

et vous combattez pour l'humanité ; si l'édifice est
vermoulu, n'épuisez pas vos forces en réparations
inutiles, démolissez hardiment pour reconstruire
à neuf, mais hâtez-vous, car le temps presse.

Chassez au plus tôt les grotesques fantoches
qui, à force de ruses, de calomnies et d'argent, et
grâce à l'insouciance de leurs prédécesseurs, sont
parvenus à faire main basse sur la Société afin de
pouvoir étaler officiellement leur sot orgueil et
leur incapacité ; expulsez à coups de verges cette
convention de Mardi-Gras où se meuvent dans une
cordiale promiscuité des ambitieux des deux sexes,
depuis l'avocat sans cause, Démosthène du débal-
lage à la toilette, jusqu'aux dames Angot, en
passant par M. Pipelet.

Mais après, soyez circonspects et méfiants dans
le choix de vos mandataires, évitez les sauveurs à
fracas, car les Sociétés et institutions sont toujours
victimes de l'amour du galon qui sévit avec fureur
sur la génération actuelle.

Tout le monde veut présider ou vice-présider
quelque part, le moindre bachelier cossu ou le
premier fils venu d'un père connu se met à la tête

d'une Société quelconque, gymnastique ou scientifique, peu lui importe, puisqu'il ne sait rien.

La médiocrité, voyez-vous, est souvent une force pour un candidat; on la tolère, on l'excuse parce qu'elle ne gêne en rien les puissants du jour qui ne pardonnent jamais le talent, auquel d'ailleurs ils barrent la route sans scrupules.

LETTRE III

Février 1886.

'AI appris dernièrement la décision du Conseil d'hygiène de la Seine relative à la suppression du refuge d'Arcueil, dont tous les hôtes devront être détruits (les bouchers et vétérinaires diraient abattus) : il n'y a qu'à s'incliner et à profiter de son nez et de ses jambes pour narguer les règlements de police et les haines du *Petit Journal,* jusqu'à ce que les infirmités et la vieillesse nous envoient à la fourrière, puisque la nature nous interdit le suicide.

Je ne suis pas partisan des refuges ; le refuge c'est la mort plus ou moins précipitée, puisqu'on laisse à la porte sa liberté et la joie d'aimer un maître, parfois méchant, c'est vrai, mais que l'on aime tel qu'il est, c'est une loterie.

En admettant que le refuge soit un port de salut qui nous épargne la gouttière du vivisecteur, il faut remarquer qu'il ne contient qu'une centaine de chiens, c'est-à-dire la cinquantième partie de ce que consomme annuellement la fourrière, et il ne peut en être autrement; puis, un refuge est forcément hors de Paris, il est donc à peu près impossible d'y conduire un chien, parce que la personne qui le rencontre n'a pas toujours le temps et les moyens de le faire.

Je prétends que la mort foudroyante est préférable à la misère et aux brutalités; elle est un soulagement pour les blessés, les incurables et les abandonnés : je parle de l'asphyxie instantanée et non de cet abattage odieux et répugnant qui sent la barbarie d'un autre âge.

L'homme n'invoque-t-il pas quelquefois cette mort libératrice dans certains cas désespérés dont l'issue est inéluctable ?

Le protecteur sincère et éclairé ne discute pas

la nécessité de mettre à mort les animaux, mais seulement les moyens de la donner en évitant *les angoisses et les tortures qui très souvent la précèdent.*

A entendre les gens bien informés, à lire certaines feuilles rétribuées, la rage aurait redoublé d'intensité depuis huit mois et cette recrudescence du fléau coïncide précisément avec la découverte de M. Pasteur, par hasard assurément : il y aura bientôt en France autant de gens mordus par des animaux enragés que de personnes décorées, et ce n'est pas peu dire.

La rage a toujours existé dans les mêmes proportions, seulement on y prêtait moins d'attention qu'aujourd'hui, voilà la vérité, et l'on est étonné qu'un homme du mérite de M. Pasteur n'impose pas silence aux amis maladroits et aux admirateurs de Panurge, dont le zèle ne peut que le déconsidérer.

Les Français en général et les Parisiens en particulier ont toujours éprouvé, depuis quinze ans surtout, le besoin de créer des idoles dont le culte constitue pour eux une force vitale sans laquelle ils mourraient de langueur.

Celui que l'opinion habilement chauffée élève sur le pavois ne s'appartient plus désormais; les reporters s'y introduisent entre cuir et chair et il gouverne tant que dure la mode.

Vous avez eu le général Uhrich, le défenseur de Strasbourg; Garibaldi, le héros de Dijon, la terreur des Allemands, et le député *in partibus;* Victor Hugo, le grand poète national; F. de Lesseps, le grand Français; le citoyen Deroulède, le bouillant patriote; Chevreul, le doyen des étudiants de France, et vous avez aujourd'hui Pasteur, l'illustre savant.

Cependant, Littré vous avait donné l'exemple de la modestie, mais son allure n'était pas théâtrale, il fuyait la réclame et les entrepreneurs de renommées trouvaient sa porte close.

Oh! il ne fonda jamais d'Institut sous le patronage du commandeur Marinoni et se contenta de ses 1,500 francs d'appointements comme académicien : la France aura sans doute oublié ce grand mort, lorsqu'elle érigera une statue au citoyen Barodet. Et la caricature aura suffi à ce savant sans panache.

PASSEZ AU LARGE!

Jules Guérin, de l'Académie de médecine, est mort fort à propos tout récemment et les pasteuriens ont dû en éprouver un grand soulagement; le célèbre praticien avait dit et répété qu' « il ne « demandait pas mieux que de croire à la merveil- « leuse découverte, mais seulement lorsqu'on lui « aurait prouvé que les chiens enragés étaient « enragés » : c'était, en effet, le nœud de la question, mais on a eu soin de l'escamoter.

L'année 1886 pourra s'appeler l'année de la rage.

J'estime que le succès des expériences de M. Pasteur eût été un bienfait pour les chiens en détruisant le plus terrible des arguments qu'il soit possible d'invoquer contre eux; mais dans le cas contraire c'était prêcher la guerre en semant la méfiance et la terreur avec une mise en scène bruyante et trompeuse.

Il est étrange que les cas de rage soient presque toujours signalés dans les quartiers populeux, c'est-à-dire où règne la brutalité, et les gobeurs peuvent frémir à leur aise s'ils additionnent tous les cas où une vingtaine de chiens « restés inconnus » ont été mordus ; le total serait effroyable, on n'oserait plus sortir de chez soi.

Beaucoup de personnes prennent pour un chien enragé une malheureuse bête abandonnée et triste, pelotonnée sur elle-même ou marchant péniblement la gueule ouverte et la langue pendante, parce qu'elle est harassée de fatigue et qu'elle a soif ou chaud ; elles ignorent que nous transpirons par la langue et que nous sourions avec la queue.

Qu'un chien coure ou bondisse, en aboyant même, on crie au chien enragé! Alors les « outranciers » du café de la mairie de l'endroit partent en guerre armés de fusils qu'ils cacheraient prudemment à l'approche de l'ennemi et ils tuent l'animal affolé ; et le soir, leurs partenaires au domino en parlent avec admiration!

Que, battus et martyrisés par les enfants de la rue, généralement cruels envers les animaux, nous déchirions un de nos bourreaux, on nous déclare enragés et l'on requiert le vétérinaire ou plus souvent le maréchal ferrant qui atteste solennellement que la rage est très caractérisée.

On rencontre bien encore de nos jours des

électeurs, des éligibles qui prétendent d'un air capable que la docilité du cheval et du bœuf tient à ce qu'ils voient l'homme bien plus gros qu'eux, sans réfléchir qu'ils doivent se voir dans les mêmes proportions; mais il n'y a rien de plus difficile à déraciner qu'un préjugé : plus il est idiot, plus il est solide.

Je voudrais bien que vous me disiez, messieurs les hommes, comment vous voudriez que nous nous défendions, si ce n'est avec notre mâchoire?... à moins que vous ne prétendiez que nous n'avons pas le droit de nous défendre, ce qui ne surprendrait pas de votre part.

Nous ne pouvons nous dérober et nous plaindre, nous sommes à la merci de votre lâcheté.

Au lieu de nous traiter en amis, vous nous considérez comme des souffre-douleur, des esclaves du despotisme inné chez vous et surtout chez les indisciplinés : l'homme n'admet pas que les animaux aient des volontés et des caprices, et comme il est souvent incapable de les prévoir ou de les diriger, il recourt à la brutalité qui le dispense de raisonner.

Je parle, bien entendu, des gens inférieurs pour qui les mauvais traitements constituent un plaisir et qui font le mal par amour de l'art; c'est tellement vrai, qu'instinctivement nous n'aimons pas les individus mal mis que nous évitons avec soin; d'ailleurs le chien est plus civilisé à Paris que dans les environs et dans les campagnes, parce qu'il vit dans un milieu plus intelligent où les mauvais garnements ne font pas la loi sans conteste.

Ne voit-on pas journellement des sots agacer et exciter des chiens qu'ils battront si ces derniers les happent dans un moment de colère et d'énervement?

Dès qu'un de nous s'approche de vous en flairant ou en aboyant, vite vous lui présentez votre canne ou votre parapluie afin de vous mettre en garde; eh bien, c'est naïf, parce que si le chien a de mauvaises intentions, ce qui est rare, ce ne sont pas vos armes bourgeoises qui le terrasseront, et c'est maladroit parce que l'animal, ne vous sachant pas aussi poltrons, s'imagine que vous voulez le frapper; aussi sont-ce toujours les mêmes personnes qui prétendent avoir à se

TRISTESSE

plaindre de nous, parce que la bêtise humaine est incurable.

Recommandez donc à vos enfants, gavroches dégénérés pour la plupart, la bonté envers nous et ne les menacez pas de nos morsures pour les faire obéir, c'est un mensonge inepte, car nous les aimons tendrement ; prenez donc l'ilote ivre, le rôdeur famélique en guise d'épouvantail, les sujets ne manqueront pas.

Que nous donnez-vous en échange de notre fidélité proverbiale, de notre affection désintéressée ? quelquefois à manger, et quelle nourriture ? souvent des coups, mais rarement votre amitié.

En dépit de votre égoïsme, vous nous reconnaissez cependant quelques mérites, puisque le misérable et le déshérité nous prennent pour compagnons de leurs tristesses ; c'est que, voyez-vous, nous représentons avec abnégation, sentiment bien rare chez vous, le dévouement et la dernière affection que la séparation n'efface jamais en nous [1].

1. Le professeur Brachet, de Paris, voulant savoir jusqu'où pouvait aller l'attachement de son chien, commença par lui crever les yeux, et

Un peu plus de mansuétude à l'égard des animaux et moins de sensiblerie à l'endroit des gredins et des alcooliques : si nous avons la rage,
vous avez l'alcoolisme, la folie et l'assassinat : on
nous détruit sans pitié, sur un simple soupçon, et,
le plus souvent, sur l'ordre irréfléchi d'un commissaire de police ou d'un maire qui n'aime pas les
chiens, tandis que l'on acquitte comme irrespon-
sables ou que l'on condamne à des peines déri-
soires des assassins, des faiseuses d'anges et des
récidivistes que l'on nourrit à rien faire, histoire
de conserver l'espèce.

Il ne vous vient jamais à l'esprit de mettre en

comme cette barbarie inqualifiable ne suffit pas pour refroidir l'affection
du pauvre animal, qui n'en continuait pas moins à lui lécher les mains,
il lui détruisit l'organe de l'ouïe ; nouvel insuccès.

Voulant à toute force avoir raison de cet entêtement d'amitié,
Brachet tourmenta la malheureuse bête pendant des mois, de toutes les
manières imaginables ; à la fin il dut s'avouer vaincu, le chien lui
léchait encore les mains ! (D. Metzger, *Science et Vivisection*. Paris,
1887.)

Et dire que ce bourreau a disposé, pendant de longues années, de
la vie de malades « pauvres » qu'il n'avait aucun intérêt pécuniaire à
prolonger !

Tout homme d'une intelligence moyenne peut constater le fait qui
préoccupait cet excellent docteur, sans se dégrader par des expériences
cruelles et lâches.

lieu sûr les animaux mordus, ce serait pourtant le seul moyen de savoir si l'animal suspect était réellement malade; eh bien non, ce serait trop simple, on abat aveuglément sans discussion, ce qui donne le champ libre aux vengeances personnelles et procure des gratifications aux agents parfois si prudents avec les escarpes.

Au lieu de trembler si fort, faites donc une loi mieux équilibrée que celle de 1882, recherchez les moyens d'arrêter la reproduction abusive d'animaux qui deviendront fatalement des chiens errants s'ils ne sont pas assez beaux pour être vendus ou volés, et imposez la patente à tout individu faisant le commerce des chiens.

Établissez un impôt unique assez élevé pour empêcher les gens sans ressources de posséder jusqu'à trois ou quatre chiens qu'ils abandonnent dès qu'on affiche la loi, pour s'en procurer d'autres après le 15 janvier; exigez la déclaration de propriété dans les quarante-huit heures, avec le contrôle sérieux dont dispose le fisc : vous diminuerez le nombre des chiens en augmentant les recettes de la perception.

7

Vous avez la parole, vous pouvez vous instruire, vous décidez de votre sort, tandis que nous, animaux, nous ne sommes que les esclaves de gens souvent trop obtus pour nous comprendre : c'est la raison d'être d'une société protectrice des animaux.

Le chien fait partie intégrante de l'existence de l'homme à plus juste titre quelquefois qu'un cousin ou un neveu qui aspire après son décès afin d'hériter.

Je n'en veux pour preuve que ce besoin irrésistible de posséder un chien que ressent toute personne dans l'intimité de laquelle la perte d'un de ces animaux a laissé un vide auquel on s'habitue difficilement.

Soignez-nous, soyez prévoyants et ne nous prenez pas pour nous abandonner lorsque le jouet aura cessé de vous plaire, c'est encore le meilleur moyen de conjurer la rage, moyen autrement efficace que cette sotte muselière, si chère aux Allemands, fervents apôtres de la force brutale sous toutes les formes ; la muselière irrite le chien et le rend méchant, car il comprend très bien

qu'elle le désarme contre ses pareils s'il est attaqué
et elle l'empêche de boire aussi souvent qu'il en a
besoin ; enfin elle n'est pas une garantie contre les
morsures en cas de rage, car il faut bien admettre
que vous la retirez pour lui permettre de manger.

Quelques animaux, les moins utiles surtout, les
chats et les oiseaux, sont assez heureux, mais
d'autres sont de vrais martyrs, le cheval et l'âne
notamment.

LETTRE IV

ON existence vagabonde m'ayant mis journellement en relation avec les chevaux et les bestiaux, j'ai été bien souvent le confident de leurs misères et de leurs tortures, dont je vais citer quelques exemples.

Sans insister sur le travail pénible de chevaux vieux et ruinés, mal nourris, que l'on fait marcher à force de coups, portant parfois sous le collier ou

la sellette des plaies vives, grandes comme la main,
je vous apprendrai que certains cochers ne conduisent, la nuit surtout, qu'au moyen d'un manche
de fouet, armé d'un clou aigu et long d'un centi-
mètre avec lequel ils piquent au fondement; d'autres garnissent l'extrémité de la lanière de clous
ou de fils de laiton.

On cite des cochers ou charretiers qui ont
arraché la langue à leurs chevaux simplement parce
qu'ils n'avaient pas soif au moment fixé par eux.

A la campagne on a vu des paysans allumer un
feu de paille sous le ventre de leur cheval afin de
l'obliger à démarrer une voiture trop lourdement
chargée.

Sur la route d'Argenteuil, des boueurs avaient
imaginé d'atteler deux chevaux à la queue d'un
troisième tombé paralysé; ils l'ont traîné sur les
cailloux jusqu'à ce que la douleur ait provoqué un
effort désespéré qui l'a remis sur ses pieds.

Les équarrisseurs laissent les chevaux attachés
court à un arbre pendant quatre ou cinq jours sans
boire ni manger et exposés à la gelée et au soleil.

Des bœufs, venant de l'étranger, sont restés

quatre-vingt-quatre heures immobiles, sans nourriture ni boisson et entassés dans les wagons;
quelquefois on empile les moutons et les veaux
comme des colis et les conducteurs courent sur
leur dos comme sur un plancher.

Aux abattoirs, certains bouchers s'amusent à
lancer leurs couteaux dans les yeux ou les naseaux
des bœufs afin d'exercer leur adresse et il est
d'usage de leur couper les jarrets s'ils manifestent
quelque répugnance à entrer dans la tuerie.

Il n'est pas rare de rencontrer en province des
meneurs de bestiaux qui suspendent aux ridelles
de leurs voitures des veaux « *vivants* » liés par les
pieds.

Un cheval tombé sur la voie publique ayant la
jambe cassée est transporté plusieurs heures après
à la boucherie hippique « vivant et debout » dans
une charrette *ad hoc;* certains restent douze heures
de nuit agonisant dans le ruisseau et personne n'a
le droit de leur donner la mort car « c'est une
propriété ». N'est-ce pas odieux!

Les cochers de grandes maisons, et les meil-
leurs, ont la bêtise et la cruauté d'imposer à leurs

chevaux la fausse rêne simple et la fausse rêne à « bâillon », véritables instruments de torture qui déchirent la bouche de l'animal et le condamnent à l'immobilité la plus absolue pendant des journées entières, attendu que, la fausse rêne étant fixée à la sellette et la sellette à la queue par le culeron, il ne peut remuer la tête qu'au prix d'une souffrance atroce; c'est barbare et disgracieux mais c'est anglais, et alors...

Certains cochers de fiacre vont aux courses de Saint-Germain ou de Maisons-Laffite pour 10 francs aller et retour, jugez de quelle façon ils doivent surmener leurs chevaux afin de parfaire la moyenne de la journée!

N'est-il pas d'usage de nous couper les oreilles et la queue sous prétexte de nous embellir? L'homme rectifiant la nature, c'est de la modestie.

Je me suis laissé dire que lorsque les étudiants en médecine s'ennuient ou bien s'ils ont des invités, ils vont à l'amphithéâtre « faire un chien » afin de se procurer l' « *excitation joyeuse,* » la « *jouissance* » dont parle M. de Cyon, auteur de la « *Méthodik* ». Dans les départements en général où la surveillance est presque nulle par suite de l'insouciance de l'administration et où fleurit l'ignorance la plus complète, les animaux sont l'objet de sévices et de tortures sans nombre; dans le midi la cruauté fait partie des mœurs de toutes les classes de la Société, comme au delà des Pyrénées.

Quand il s'agit de protéger un animal, la foule niaise, comme toutes les foules du reste, prend parti pour le bourreau contre la victime et s'apitoie naïvement sur son sort, sans réfléchir que la brutalité est inutile et va toujours à l'encontre du but à atteindre.

Cependant, plus l'être est inconscient, à moins qu'il ne soit foncièrement méchant, plus la direction doit être douce et patiente et la sévérité doit se mesurer au degré d'intelligence ou de préméditation; ainsi procède la vraie justice.

Le gros public assimile le protecteur militant au policier assez malhonnête pour se procurer des coupables quand même, il l'accuse d'être salarié et de ne vivre que du produit de ses exploits; c'est à la fois une calomnie et une bêtise, car cet

8

homme qu'il insulte néglige souvent ses propres affaires et affronte les injures les plus grossières pour défendre ses principes sans y être poussé par l'ambition ou l'intérêt personnel : c'est un symptôme de l'affaiblissement des caractères, puisque l'on ne peut croire qu'il se rencontre des gens capables de faire le bien avec désintéressement, simplement par conviction.

L'article premier des statuts de la Société protectrice est ainsi conçu : « La Société a pour but « d'améliorer, par tous les moyens qui sont en son « pouvoir, le sort des animaux, conformément à « la pensée de la loi du 2 juillet 1850. » Or, l'application de la loi Grammont n'est réclamée qu'en cas de mauvais traitements et de blessures qui dénotent la cruauté et la perversité ; mais les Français, ceux des villes principalement, affectent de mépriser les lois et détestent le gendarme et l'agent, quittes à recourir à eux et à regretter leur absence s'ils sont attaqués ou volés.

C'est déplacer la question que de prétendre qu'il est ridicule de nous protéger, du moment

LE CHIEN DE BERGER

qu'il y a des hommes qui souffrent et travaillent à l'excès; d'abord, parce que l'on pratique souvent les deux charités à la fois, ensuite parce que bien souvent l'homme qui étale sa misère et qui crie le plus haut en a été l'instrument par sa paresse et son inconduite.

D'ailleurs celui qui aime les animaux, je parle de l'homme sérieux, celui-là, dis-je, n'oublie pas son semblable; en tout cas, il peut toujours en donner les raisons, tandis que ses adversaires sont incapables de justifier leur aversion; seulement, vous conviendrez qu'il est plus facile et moins coûteux d'empêcher un mauvais traitement et un acte de cruauté, que de faire l'aumône ou de recueillir quelqu'un, c'est plus à la portée de toutes les bourses.

Depuis Napoléon Ier, les législateurs ont édifié tout un arsenal de lois protectrices de l'homme, et de son côté la bienfaisance met chaque jour en action de nouvelles forces destinées à atténuer la misère et à combattre la désespérance; on a même créé de nos jours les Sociétés de tempérance et contre l'abus du tabac... Sociétés protectrices de l'homme, et les Sociétés des libérées de Saint-Lazare et autres maisons de refuge.

Les gens qui blâment la protection des animaux sont de simples égoïstes incapables de s'occuper et des animaux et de leurs semblables.

M. Vautour fraternise avec Alphonse.

Le cocher de fiacre ou de remise et de voitures de commerce, brasseur, laitier, grainetier, etc., est méchant et brutal ; le charretier de profession n'est que brutal, mais le déménageur, le boueur et le vidangeur les dépassent tous.

La plupart de ces individus savent martyriser sans relâche les chevaux qui leur sont confiés, de façon à ne pas commettre de délits tombant sous le coup de la loi.

La conduite et le dressage des animaux demandent plus d'intelligence que ne le croient les conducteurs eux-mêmes ; malheureusement, le métier n'est pas dans les goûts et les aptitudes physiques des gens instruits et bien élevés; aussi n'emploie-t-on souvent que des êtres bornés ou déclassés que l'oisiveté jette bientôt dans l'abrutissement.

Le charretier, le cocher de fiacre, le conducteur de bestiaux n'exigent-ils pas des animaux l'obéissance et la compréhension rapide de leur volonté et de leurs commandements exprimés le plus souvent par des hurlements variés et des cris dont le passant ne se rend pas bien compte lui-même.

Écoutez un charretier marchant derrière son tombereau, il n'a qu'un commandement : « hue », toujours « hue », qu'il faille avancer, aller à droite ou à gauche : croyez-vous franchement que dans de pareilles conditions un cheval, qui ne peut voir que devant lui et qui ne sait pas où il va, puisse obéir à la voix ? On n'emploie même plus le mot « dia », qui signifie direction à gauche ; c'était trop compliqué.

Eh bien, ces mêmes conducteurs, si sévères à l'égard des bêtes, qui n'admettent ni erreur ni hésitation de leur part, refusent de respecter les lois et les convenances et n'ont sans doute jamais pu arriver à apprendre à lire ; ils ne nous permettent pas d'avoir des besoins ou des désirs ; ils battent un cheval s'il remue la tête ou la jambe après deux et trois heures de stationnement ou bien s'il cherche à boire au ruisseau, et le goujat qui digère repousse du pied son chien qui quémande sa pitance.

Tous ces butors sont la proie de deux vices incurables : la paresse et l'ivrognerie ; je dis paresse parce qu'ils préfèrent vivre à l'injure du temps plutôt que de travailler assidûment à un ouvrage manuel ; ils sont dans un état permanent de somnolence auquel le corps s'habitue, mais la tête et les bras n'ont plus aucune activité.

L'ivrognerie est la conséquence de l'inaction et des rencontres ; tout gaillard qui a un fouet dans la main se croit le maître, et le haut du pavé lui appartient, à ce farouche démocrate égalitaire ; quand il est soûl ou contrarié, sa colère se passe sur l'attelage et il a l'habitude de choisir un souffre-douleur, toujours le même.

Le mauvais charretier commence par frapper sans apprécier si ce qu'il exige des chevaux est raisonnable ; comme il n'est pas assez intelligent pour se rendre compte des difficultés, il frappe plus fort s'il y a hésitation, parce qu'il n'admet pas qu'on ne lui obéisse point sur-le-champ ; il ne cherchera pas à supprimer ou à éviter un obstacle avec patience et précaution, non, il frappera toujours et aveuglément ; alors il se grisera de sa brutalité et rebutera ses bêtes ; puis il affirmera hypocritement qu'elles ne veulent pas travailler et n'acceptera aucun conseil ; d'où l'obligation, pour l'intervenant, de recourir à la répression.

Quand, parfois, le cheval battu parvient à démarrer au prix d'efforts inouïs, le butor qui le frappe se figure que ce sont les coups qui l'ont décidé à tirer, car il ne comprend pas que c'est la douleur et la souffrance qui l'ont poussé à se sauver, par un suprême effort, pour se soustraire aux coups, absolument comme l'individu auquel la peur donne des forces surhumaines et une sorte de courage aveugle qu'on pourrait presque appeler le courage des peureux.

La façon dont s'y prennent certains charretiers pour corriger les chevaux dénote leur méchanceté ; cinq minutes après la faute commise, « si faute il y a, » ils s'arment du fouet à fléau et se placent assez loin derrière l'animal, puis le frappent à tours de bras, passant alternativement de droite à

9

gauche, de façon à lui « couper la peau, » suivant leur expression, sans le moindre avertissement, traîtreusement, lâchement ; cependant, un animal qu'on châtie doit toujours savoir pourquoi, sinon la leçon ne profitera pas : ils savent bien, les misérables, que les coups de lanière bien appliqués sont plus cruels que les coups de manche qui, seuls, sont punis par le tribunal : encore un sot préjugé à démolir.

Que de fois c'est l'attelage qui conduit le conducteur ivre ou endormi ! mais en se réveillant il lui administrera, en guise de remerciements, quelque correction aux endroits sensibles parce qu'il est furieux de s'être oublié.

Cet être déchu ne devrait-il pas considérer ses chevaux comme des compagnons de misère rivés à la même chaîne que lui ; eh bien ! non, au contraire, il les traite en ennemis, les menace et les injurie sans cesse sous le fallacieux prétexte qu'ils lui donnent de l'ouvrage et ça lui déplaît ; le cavalier, dans l'armée, raisonne souvent de même parce que son cheval lui occasionne des corvées ou des punitions s'il le néglige.

LE TRAMWAY DE BANLIEUE

Le paysan des environs de Paris en général, qui,
né obtus et brutal, devient vicieux au contact des
noctambules des halles centrales dont il copie les
allures, déteste profondément les animaux et ne
tolère que ceux qui lui rapportent de l'argent avec
le moins de frais possible, bien entendu, aussi les
maltraite-t-il sans cesse de parti pris.

Les charretiers et cochers prennent ou feignent
de prendre pour de la méchanceté de la part des
animaux ce qui n'est que de la brusquerie, accrue
par leur force naturelle, et dont ces gens sont
quelquefois victimes par imprudence ; mais ils sont
bien aises d'avoir un prétexte pour frapper ; de là
cette méfiance qui pousse le cheval à les éviter et
à se défendre. Les sévices les plus usités sont la
sonnerie à la bouche, le sciage, les coups de
manche sur le chanfrein et les naseaux, les coups
de pied au fourreau, au ventre et aux canons, et
les coups de pointe au fondement.

La protection des animaux, outre son côté
moral, a pour effet de sauvegarder votre propriété
et d'en assurer la conservation en la préservant
des mauvais traitements et en lui assurant les soins

indispensables commandés par l'hygiène ; mais les propriétaires ont beaucoup de peine à se pénétrer de cette vérité, sans quoi ils surveilleraient mieux leurs intérêts et faciliteraient la tâche du protecteur.

Les honnêtes gens ont horreur des actes de cruauté et des sévices qu'aucune nécessité ne justifie, mais ils n'osent affirmer leur réprobation par respect humain et par... prudence, les butors ayant le privilège immoral de les galvaniser ; s'ils savaient combien les gredins sont lâches quand on leur tient tête, ils rougiraient de leur pusillanimité. Il est souvent plus difficile et plus dangereux de faire le bien que de faire le mal, les gens de cœur en savent quelque chose !

Certaines personnes prétendent ou croient aimer les animaux parce qu'elles dorlotent un toutou insignifiant ou s'indignent... mentalement à la vue d'actes barbares ; mais non, cent fois non, elles n'aiment pas les bêtes pour leur mérites et ne sont que des égoïstes ridicules : quiconque aime les animaux les aime tous et suivant leur degré d'intelligence, de sociabilité et d'utilité, sans s'adonner au culte d'un roquet, d'un chat ou d'un oiseau ; il se préoccupe avant tout du sort des animaux qui travaillent et qui souffrent ou servent à l'alimentation parce que ce sont des auxiliaires indispensables et que la brutalité envers eux est un déni de justice et une mauvaise action.

Si nous étions aussi méchants que vous, ô hommes, vous seriez vaincus dans la lutte que vous avez engagée car la plupart d'entre nous, le cheval, le bœuf, par exemple, sont doués d'une force supérieure à la vôtre ; il est donc lâche de nous maltraiter, de nous torturer et de vous plaindre faussement si parfois nous nous révoltons.

Les animaux domestiques pensent, raisonnent, aiment et souffrent avec résignation ; que d'hommes dont on ne peut pas en dire autant !

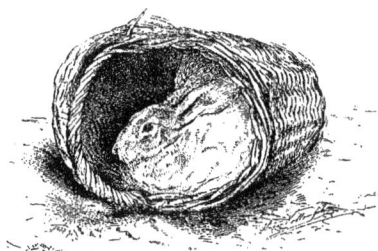

LETTRE V

A Société protectrice des animaux porte à ses flancs deux plaies vives qui la tueront si l'on ne parvient pas à les cicatriser à bref délai : les femmes et le refuge, les femmes surtout.

Si étrange que puisse paraître cette affirmation de la part d'un chien, elle est cependant justifiée par l'état moral de la Société au sein de laquelle l'impuissance, les ambitions hypocrites, les nullités encombrantes se heurtent sans pudeur sous le manteau de la Protection.

Je me tiens au courant de tout ce qui s'y passe et j'ai des amis fidèles qui me renseignent ; je lis aussi les bulletins mensuels et c'est fort pénible, je vous l'assure.

Un de ces derniers publie un curieux rapport, redigé de sang-froid, paraît-il, par le Président du Comité de publication, un vétérinaire très arrivé.

Il y est parlé de « parias canins », de maladies virulentes qui « dorment des années pour se réveiller tout à coup sous un aspect sinistre ».

Très fantaisiste cette virulence qui sommeille des années entières !

Suit un second rapport, plus long et plus corsé du même prosateur ; on y revoit les parias ci-dessus présentés, qui cette fois sont guettés par la vivisection à outrance... ; ici quelques larmes : mais l'écrivain croit cependant que... la vivisection a du bon, car elle ne dure qu' « un instant » ;

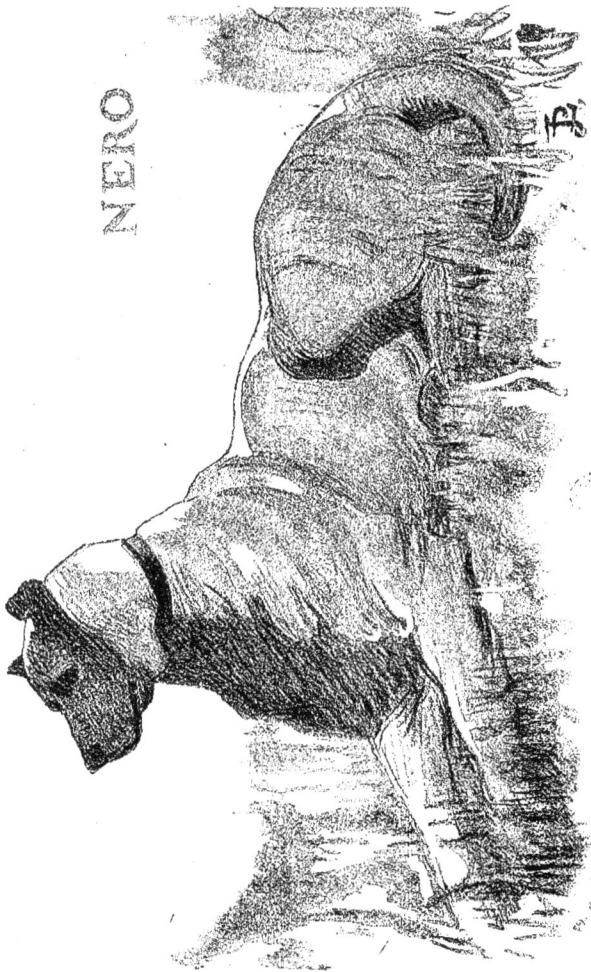

NERO

CHIEN DE COMBAT

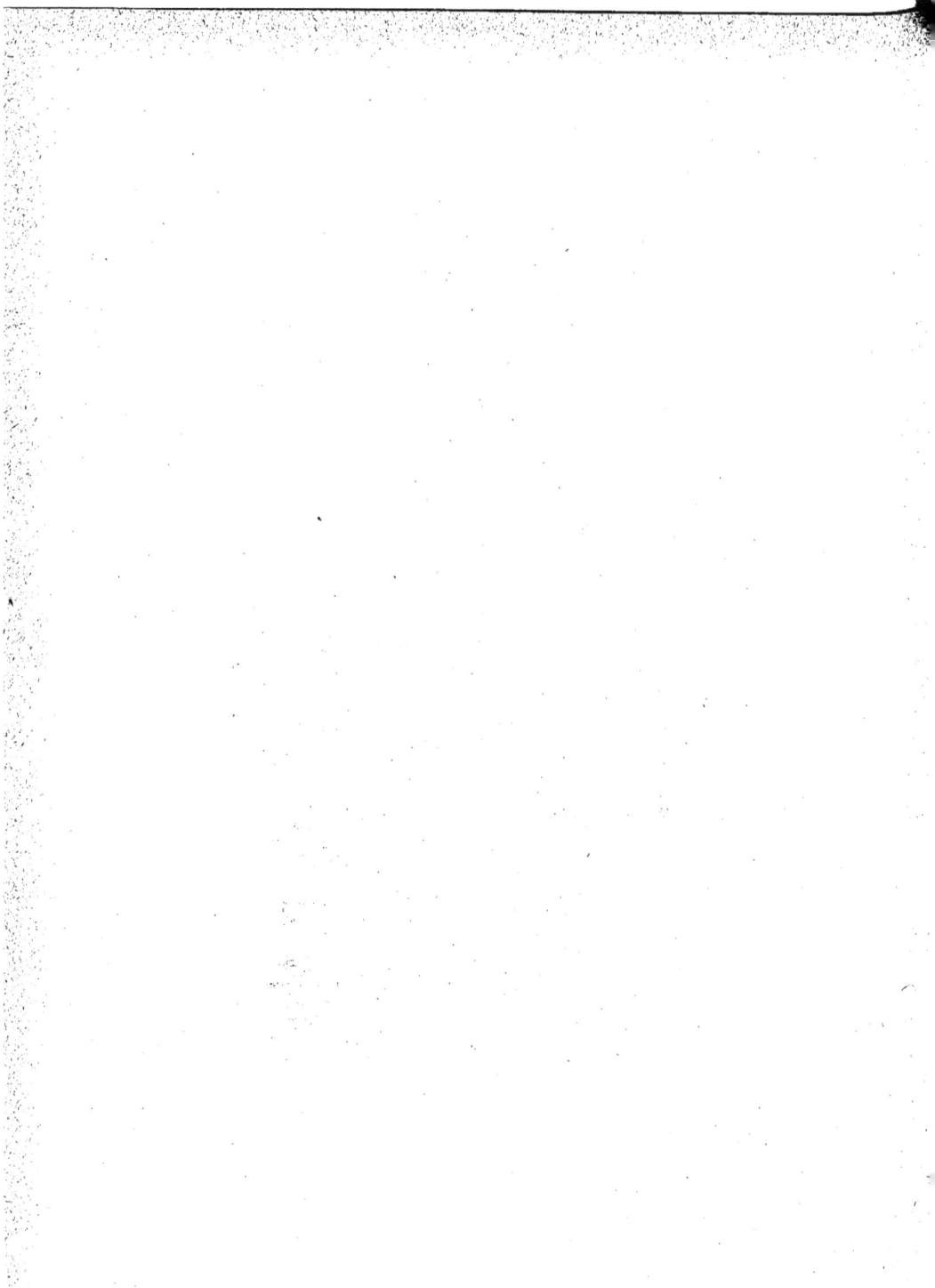

un peu plus il ajouterait que c'est une petite fête.

En faisant l'historique des refuges, il nous apprend que les protectrices n'ont jamais été « désarçonnées » par les obstacles, aussi, « comme le Phénix, les asiles renaissent-ils de leurs cendres » ; est-ce assez coquet ?

Il y a de tout, dans ces pages étincelantes de verve, même du français, des facéties tintamaresques et des cris d'angoisse, on y patauge dans l'élégie et le drame tour à tour, on y rencontre des images susceptibles d'attendrir des vétérinaires : quoi de plus poignant que la visite au refuge de Grenelle ! C'est tout bonnement du Dennery de derrière les fagots.

Il est aussi question d'un M. Béraud, vétérinaire « fort instruit », ce qui donnerait à penser qu'il en existe d'autres pas instruits, ce dont nous nous doutions bien un peu.

Pourquoi faut-il que la sérénité du barde soit troublée par un « point noir au loin... » la silhouette d'Arcueil (drôle de forme pour un point, fût-il noir) la « Roche tarpéienne » de ses chers protégés !

L'histoire impartiale nous révèle, effectivement, que les oies ont trôné au Capitole le jour, plutôt la nuit, où les chiens de garde manquèrent de vigilance, et c'est pour les punir, dit-on, que l'on a fondé les refuges et les fourrières et que le bon Dieu inventa Claude Bernard, Paul Bert et Laborde.

Ah ! le brave cœur qu'un rien « déchire » ; les tueries, les hécatombes lui répugnent ; non, mille fois non, il ne tuera pas les parias canins..., mais il les fera abattre et vivisecter par d'autres, ou inoculer par Pasteur, car il réclame le « respect dans la mort ! » Compassion eût aussi bien fait l'affaire.

Combien est préférable la franchise brutale des Paul Bert et Brown-Sequard, à toutes ces déclamations sonores et perfides.

Mais, utilisez donc votre prose à lancer des pilules et des onguents et écrivez ailleurs que dans un bulletin susceptible de tomber entre les mains de personnes qui pourraient croire qu'il reflète la pensée de la majorité de vos collègues.

Copiez des extraits des Michelet, Toussenel,

Stahl et autres et l'on ne rira plus de vous ; publiez des études sur l'hygiène, sur l'alimentation, sur les maladies des animaux et les soins à y apporter, sur le harnais et la ferrure, sur la conduite des voitures, sur la mise à mort des animaux, sur la sécurité des écuries en cas d'incendie, sur les transports par terre et par eau, en un mot, sur la protection en général.

On ne s'explique pas non plus l'invasion des vétérinaires dans le conseil, c'est de l'incohérence, dont les femmes seules sont capables ; le vétérinaire ne peut être protecteur dans la belle et haute acception du mot, il ne s'y résout qu'accidentellement, afin de plaire à certaines clientes.

De longues et cruelles pratiques sur les animaux « vivants » l'ont rendu insensible à des souffrances que ne pouvait traduire la parole des victimes ; il a contracté l'habitude d'opérer sans scrupules, parce qu'il n'encourait aucune responsabilité ; enfin le vétérinaire n'a pas toujours l'éducation native et l'instruction indispensables au médecin et que ne peut lui faire acquérir le milieu dans lequel il vit et professe, et, cependant, personne mieux que lui

n'est à même de constater les maladies et les infirmités et de se prononcer avec autorité, seulement... sa clientèle diminuerait[1].

Si les femmes se décidaient à constituer une
société à part, une société protectrice des chiens
de manchons, les hommes travailleraient au relè-
vement de l'Institution, jusqu'au jour où un président à poigne qui présiderait autrement que sur
ses cartes de visite, secondé par un Conseil sérieux,
obtiendrait la revision des statuts en vue d'inter-
dire l'accès de la société aux femmes et aux enfants
dont le zèle est un danger; on pourrait également
stipuler des conditions déterminées pour l'admis-
sion des candidats.

---

1. Le docteur Murdoch, parlant de ce qu'il a vu à l'école vétérinaire d'Alfort, s'exprime ainsi : « Une petite jument alezane avait
malheureusement survécu aux innombrables tortures d'une seule
journée et n'avait plus de ressemblance avec un être de notre monde.
Les reins étaient ouverts, la peau déchirée, labourée au fer rouge et
traversée par des douzaines de sétons, les tendons étaient coupés, les
sabots arrachés, les yeux crevés. Et la pauvre créature, aveugle et sans
défense, fut placée debout, au milieu des rires, sur ses pieds mutilés,
pour montrer aux opérateurs présents, occupés à lacérer sept autres
chevaux, tout ce que la dextérité des hommes peut produire sans
amener la mort. »

(D. Metzger. *Science et Vivisection.* — Paris 1887.)

Ne parlez pas du déficit que causerait cette
mesure radicale car l'on vous répondra que les
cotisations des dames ne représentent pas les
sommes énormes que coûtent leur refuge et autres
œuvres similaires.

Quand donc comprendrez-vous qu'un refuge
est inutile et dangereux, parce qu'il indispose
l'autorité dont vous dépendez si vous voulez
accomplir une œuvre pratique, et parce qu'il
absorbe une grande partie de vos revenus au
profit d'une création imperfectible et forcément
restreinte, puisque le nombre de vos protégés ne
sera jamais en rapport avec celui des abandonnés.

Un refuge, retenez ceci, un refuge ne doit être
qu'une « halte » pour les chiens errants et dès lors
exposés à une mort violente; il ne doit servir qu'à
recueillir « tous » les chiens, les plus misérables
surtout; on vend les plus beaux et on endort les
autres : de sorte que vous supprimez les dangers
de la rage, vous évitez à la victime l'abatage à
coups de maillet, les coups de sabre d'un sergent
de ville en quête d'une médaille d'honneur, la vivisection... et les larmes de M. Bourrel.

11

L'internement du chien est une anomalie, le chien d'appartement ou de garde est moins robuste, moins sain et vit moins vieux que le chien de berger et le chien de chasse astreints à un travail pénible mais approprié à leur nature ; le chien à l'attache ne se porte jamais bien, il s'ennuie et les fonctions naturelles sont paralysées.

Employez donc votre argent à étendre le service de l'inspection, faites de la propagande virile et pratique, organisez des conférences populaires et une école de charretiers si possible, et vous convertirez quantité de gens qui n'ont jamais eu l'idée d'étudier les animaux : il s'agit par exemple de trouver des hommes convaincus, de vrais apôtres doués d'une éloquence communicative, connaissant la question à fond, et ne s'abandonnant pas à la sensiblerie, s'attachant à développer sous diverses formes ce grand principe fondamental que l'homme à tout à gagner à traiter les animaux avec bonté et sollicitude, et qu'agir autrement, c'est renier l'engagement moral qu'il a pris vis-à-vis d'eux, le jour où il les a attachés à son existence par la domestication.

L'autre soir, rue Fontaine-au-Roi, j'entendais
un barbet affirmer que le commerce des chiens,
hôpital, pension ou refuge, rapportait de gros
bénéfices; cela explique la ténacité des postulants
à la direction du refuge.

LETTRE VI

J e suis persuadé que l'indifférence du public à l'égard de la protection due aux animaux tient en partie à ce que ses adeptes n'ont jamais employé avec méthode et persévérance, les moyens rationnels propres à en inculquer les principes dans les masses, c'est-à-dire des exposés nets et lucides de la question, à la portée de toutes les intelligences, abstraction faite de l'exagération qui ne peut que nuire à la propagande.

Vous avez toujours eu le tort de donner trop d'importance au côté sentimental du sujet, au détriment de la logique et des principes en cause, et vous avez souvent dépassé le but en provoquant des résistances dangereuses ou des comparaisons perfides.

Tout homme qui, dans votre pays, veut implanter un progrès qu'il juge nécessaire, doit compter avec la routine, les préjugés et les intérêts en jeu; il doit être en garde contre les désillusions et les oppositions sourdes; il doit manier successivement la plume et la parole; du jour où ses idées seront discutées, il sera bien près de réussir, l'indifférence étant plus cruelle et plus redoutable que les attaques les plus passionnées.

Il n'y a pas si longtemps, messieurs, que Naquet, le modeste apôtre du divorce, ne recueillait que sarcasmes et plaisanteries, pendant la campagne qu'il poursuivit tant d'années pour le triomphe de ses idées : aujourd'hui les esprits flottants sont convaincus, parce qu'il a réussi; car le succès provoque toujours ces revirements qui sont la consolation des humbles pionniers de l'idée et du progrès.

Le moment est propice pour présenter au peuple le principe de la protection des animaux sous son double aspect d'utilité et de morale; la question de sentimentalité s'en dégagera tout naturellement par la suite.

Les animaux font partie de votre organisation sociale, par leur domestication de plus en plus développée, et les services indéniables qu'ils vous rendent.

La protection raisonnée et surveillée donnerait d'excellents résultats au point de vue de l'amélioration des races, que la routine vous oblige à rechercher par des moyens que condamne l'expérience.

La guerre de 1870 n'a-t-elle pas démontré l'infériorité de votre cavalerie, comme qualité et comme effectifs par rapport à l'ennemi?

En Angleterre, en Autriche, en Allemagne, le cheval est l'objet de soins intelligents qui le maintiennent toujours en bon état en cas de mobilisation.

Vous vous rallierez à cette opinion le jour où vous prendrez la peine de regarder de près le sort de vos chevaux de trait, dont la moitié sont mal nourris, mal soignés et épuisés par un travail mal organisé, la surcharge et les mauvais traitements.

On n'a pas encore songé à profiter des recensements annuels pour sévir contre les propriétaires d'animaux blessés impropres au travail ; on éviterait de la sorte bien des mécomptes en cas de réquisitions, car le nombre des chevaux valides ne concordera jamais avec celui des inscrits.

Votre sollicitude pour le cheval n'a pu dépasser la fondation d'innombrables sociétés hippiques, qui, sous le couvert de « l'amélioration de la race » ne sont que des agences plus ou moins véreuses, dont le jeu forme la base d'opérations ; et encore, les jockeys, les entraîneurs, les écuries sont-ils de provenance anglaise, on peut même y ajouter les picpokets.

En France, le dressage et la conduite des chevaux ne sont considérés que comme des travaux infimes ; le manœuvre prend un cheval comme il prendrait un outil, une pioche ou une pelle, sans

AU SECOURS!

12

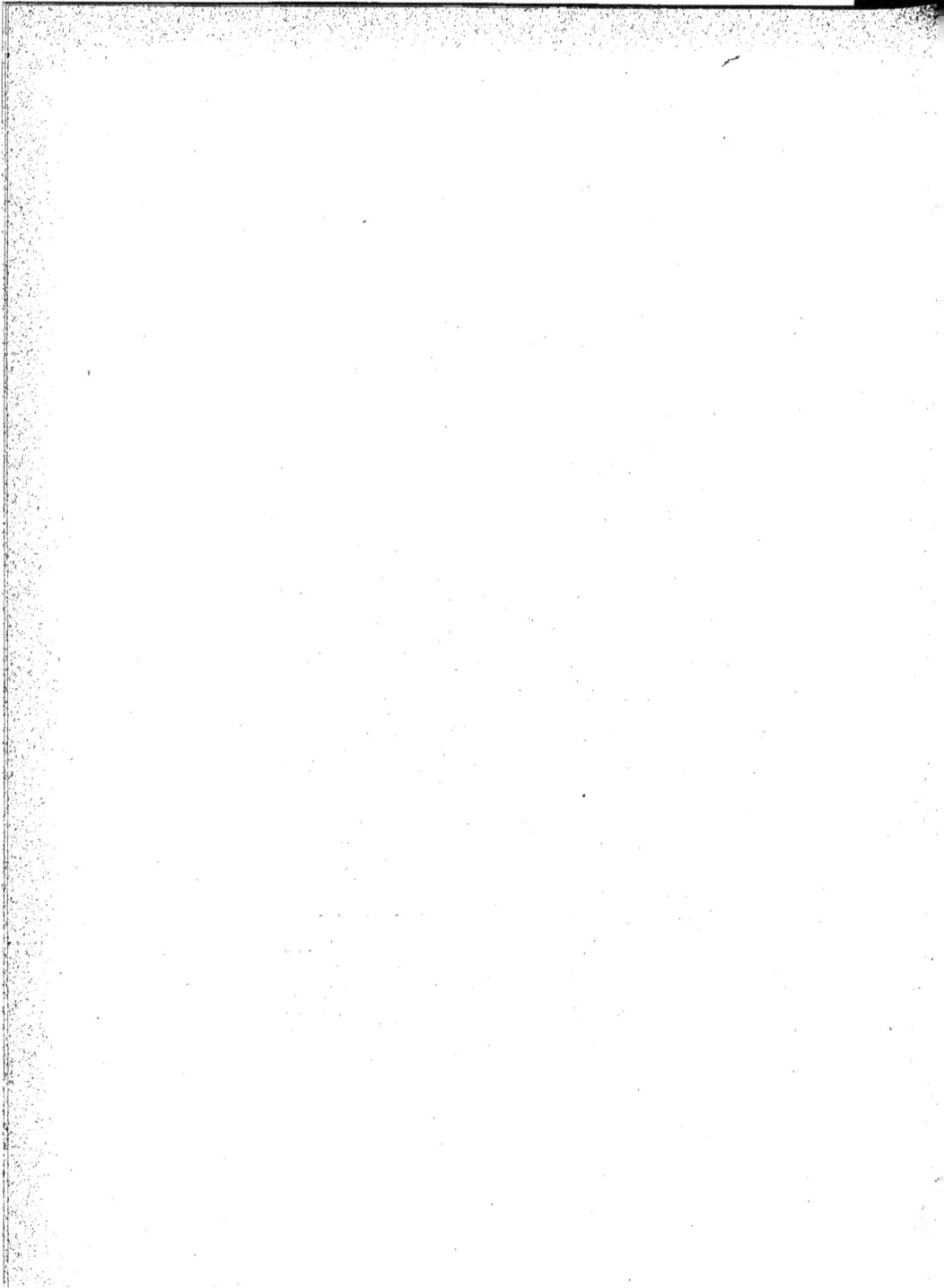

se rendre compte que cet outil est une force animée, indispensable et qu'il faut être intelligent pour la bien diriger.

L'homme de cheval n'est la plupart du temps qu'un oisif inapte aux travaux intellectuels ou un homme brutal et ignare; les traditions des Lalanne et des Baucher n'ont plus guère de représentants, et les lauréats des concours hippiques se tiennent en selle comme des maquignons à peu d'exceptions près, sans grâce ni souplesse.

Ne vous récriez pas avec les socialistes qui prétendent que tous les hommes sont égaux et également doués, car il existe parmi vous comme dans tous les règnes de la nature, diverses catégories d'êtres que l'instruction même ne parviendra jamais à fusionner.

L'instruction n'a souvent d'autres résultats que d'apprendre aux ignorants qu'il y a des lois et des gendarmes pour les faire respecter; mais elle ne modifie guère les instincts et les mauvais penchants qui, tôt ou tard, reprennent le dessus.

L'éducation seule prépare les hommes et développe les bons sentiments.

Malheureusement, il en est du recrutement des cochers, charretiers et palefreniers, comme de celui de la police, on n'a pas toujours le choix ; il est en effet difficile de trouver des hommes bien élevés et intelligents dans les classes où ils s'opèrent.

On est étonné de voir tolérer les actes de brutalité envers les animaux, dans un pays qui a horreur de la lâcheté ; n'est-il donc point lâche d'exercer des sévices sur des êtres incapables de se défendre, et trop bons pour se venger ? car il faut remarquer que les butors ne maltraitent les chevaux que lorsqu'ils sont entravés ou attelés, et les chiens quand ils sont petits ; on ne se frotte jamais au cheval en liberté ou au chien de forte taille, dont les dents en imposent.

Comment expliquer que la foule, attirée par la curiosité à la moindre intervention, soit généralement hostile au protecteur, alors qu'il est probable que chaque individu qui s'y trouve mêlé est bon et compatissant, pris isolément ? c'est le secret de bien des crimes commis par les foules en délire.

Au cours de mes nombreuses pérégrinations,

j'ai constaté que pour se faire écouter des masses,
il faut être vêtu en ouvrier, large des épaules ou
mis élégamment et très décoré ; ou bien encore
affublé du casque de Mengin.

L'homme du peuple prend toujours le dessus
dans les discussions en plein air, non parce qu'il
raisonne juste, loin de là, mais parce qu'il fait du
sentiment et de l'hypocrisie, et qu'il crie très fort,
et que les gens bien pensants n'ont pas le courage
de leur opinion ou craignent de se compromettre ;
tandis que les ouvriers, les mauvais surtout, les
prolétaires comme ils s'intitulent, se sentent les
coudes, et se croient obligés de soutenir une mauvaise cause contre les aristocrates en paletot.

Il faut également comprendre parmi les prolétaires en blouse, l'entrepreneur, le bureaucrate
péniblement teinté d'instruction primaire, le larbin
renté, le garçon de bureau sans place, valetaille
obséquieuse qui espère se venger du capital devant lequel elle se proterne humblement moyen-
nant rétribution.

L'ouvrier ne s'aperçoit pas que c'est lui qui
entretient par son animosité et ses allures provo-

catrices l'éternelle distinction entre les castes; il
persiste à voir un ennemi dans l'homme du monde,
qu'il cherchera à copier le jour où il se sera élevé
par le travail et la conduite; les intrigants et les
acrobates politiques ont grand soin de cultiver ces
erreurs pour asseoir leur fortune, car l'homme qui
dit la vérité au peuple est regardé comme un traître
et un vendu : et cet ouvrier qui ne supporte pas
une remontrance, quand bien même elle ne s'a-
dresserait pas à lui, sera dur et hautain envers
l'employé ou le commis auquel le service impose
la soumission aux caprices du public.

Vous tous gens d'ordre et de bonne compagnie,
vous ne réfléchissez donc pas que le charretier ou
le cocher brutal et insolent, auquel vous vous inté-
ressez, et que vous encouragez par votre absten-
tion même, vous écrasera quelque jour en riant
ou vous frappera la nuit sans témoins; vous ne
vous êtes donc jamais aperçu qu'un homme bien
intentionné n'a que peu de chances de succès tant
qu'il est seul, mais que l'appoint d'une ou deux
voix lui rend l'avantage, et détermine un revi-
rement en sa faveur?

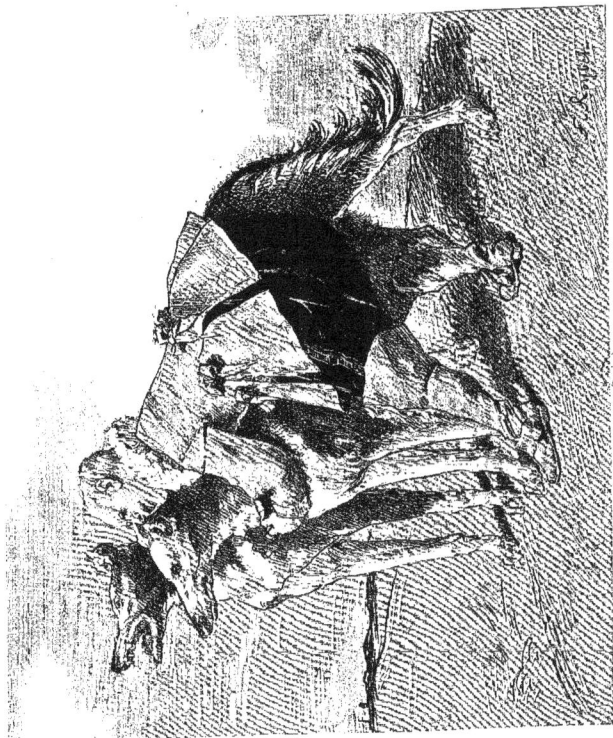

LÉVRIERS

Bien des gens à courte vue vous diront qu'il est inutile de s'occuper des animaux, parce qu'il y a des êtres humains qui végètent et souffrent; mais alors pourquoi soigner l'individu qui a un bras cassé quand il y a des malheureux auxquels on doit couper les deux jambes? pourquoi prodiguer des soins à l'ivrogne qui roule dans le ruisseau, alors que chaque nuit d'héroïques marins meurent sans secours, victimes de leur courage et de leur dévouement?

D'ailleurs les philanthropes qui pleurent sur les misères du peuple, et s'indignent contre le capital, sont bien souvent des viveurs à grandes guides, dont la charité est problématique, et dont le luxe est un scandale; seulement ils se créent une popularité à bon marché et encaissent de gros bénéfices sans travailler.

L'argument porte donc à faux, car la compassion envers les animaux ne fait pas oublier les nécessités matérielles de la vie, le protecteur intelligent sait parfaitement s'en rendre compte, et il ne s'élève que contre les sévices qu' « aucune nécessité ne justifie ».

13

Croyez-vous par hasard que la brutalité du charretier envers ses chevaux atténue en quoi que ce soit sa fatigue, ou améliore son sort dans quelque mesure que ce soit? Le bon sens proteste contre une pareille théorie ; autant proscrire Bapst, Worth, Bignon et Boissier pour outrage à la misère et à la faim !

Vous feignez d'ignorer que le bon charretier n'est jamais inquiété, et que la protection des animaux n'est pas une affaire de caprice ; dans beaucoup de cas que vous jugez peu délictueux en eux-mêmes, le protecteur ne requiert l'application de la loi que parce qu'une longue pratique lui a démontré qu'il y a perversité de la part du contrevenant, qu'il y a chez lui une habitude invétérée ; la nature même des sévices dénote le caractère de celui qui les exerce, ce dont l'intervenant et le tribunal tiennent compte.

N'arrive-t-il pas chez vous, messieurs, que le même crime provoque des verdicts absolument différents, la peine de mort ou l'acquittement ? tout dépend du mobile qui l'a fait naître et de la moralité du prévenu.

Vous devriez rougir de blâmer un homme
moins poltron que vous et assez hardi pour pro-
tester contre la force brutale, car vous n'hésiteriez
pas, dans d'autres circonstances, à reconnaître
qu'elle est contraire au droit et à l'humanité ; mais
le gros public, ce public que les anarchistes font
trembler, se tord de rire et le conspue bêtement,
sans se rendre compte que ses manifestations ont
pour effet d'enrayer le progrès péniblement acquis
dans la voie de l'adoucissement des mœurs.

Nombre d'honnêtes gens se sont habitués à
admettre qu'il était nécessaire de brutaliser les
chevaux et les bestiaux, ça leur paraît tout naturel,
ils acceptent la théorie sans la contrôler, et suivent
machinalement le courant.

L'homme doit au contraire s'efforcer de relever
les êtres déshérités, et moins intelligents que lui ;
les animaux, en général, sont doués d'un profond
sentiment de reconnaissance envers ceux qui les
aiment et les traitent avec bonté et c'est en cela
qu'ils vous sont incontestablement supérieurs.

Ces êtres éminemment perfectibles ne peuvent
modifier leur destinée, ils représentent cependant

une force vivante dont vous ne pouvez vous passer, et leurs qualités, et leurs facultés affectives, et leur perspicacité ne serviront peut-être pas à les faire apprécier du propriétaire borné et méchant, incapable de reconnaître les services qu'ils lui rendent : et vous ne leur devriez pas aide et assistance, mais ce serait honteux.

Vous en êtes encore à la levrette en paletot et à la perruche fastidieuse, car vous n'avez jamais daigné étudier la question dans ses grandes lignes afin d'en dégager l'enseignement sérieux qui constitue les principales bases de la protection.

Vous croyez sans doute que ces sentiments sont particuliers à un groupe de ramollis et de vieilles filles ?

Détrompez-vous, mes bons messieurs, la protection compte parmi ses adeptes fervents des hommes de haute valeur, à commencer par : La Fontaine, Condorcet, général de Grammont, Toussenel, Granville, Michelet, Jules Janin, Balzac, Victor Hugo, Théophile Gautier, Lamartine, Cham, pour arriver à MM. le baron Larrey, Leblanc, Richard (du Cantal), Crivelli, Gondinet,

Lockroy, Armand Sylvestre, Aurélien Scholl, Émile Zola, Victor Meunier, de Maupassant, etc..., on peut même affirmer que la compassion et la bonté à notre égard se rencontrent principalement chez les personnes intelligentes et instruites, et que plus on nous connaît plus on nous aime; une femme d'un grand esprit a écrit qu'elle aimait les animaux depuis qu'elle avait appris à connaître les hommes.

Dans tous les actes de votre vie vous êtes guidés par l'égoïsme et le respect humain; évidemment ces deux vilains sentiments sont plus ou moins développés, selon que votre nature est bonne ou mauvaise, mais ils sont humains, vous ne pouvez le nier : l'égoïsme vous pousse à n'aimer que vous exclusivement, et le respect humain vous interdit d'aimer les animaux dans la crainte de paraître ridicules; bien peu d'entre vous sont assez bien trempés pour passer outre, et vous rougirez d'un bon mouvement tandis que vous ferez parade d'un vice ou d'une turpitude : l'infamie, le mépris, tout enfin plutôt que les sarcasmes de plaisantins idiots ou méchants.

Comment, vous n'accorderiez pas à des animaux utiles et inoffensifs, vos amis et vos auxiliaires,
la même commisération, la même pitié qu'à des
scélérats perdus de vices, des non-valeurs en
guerre ouverte contre la société, des chenapans
auxquels vous trouvez toujours moyen d'accorder
les circonstances atténuantes de l'inconscience et
de l'ivresse parce qu'ils ont face humaine !

Mais ce serait à désespérer du bon sens et de
la morale !

LETTRE VII

Le pesant chariot porte une énorme pierre ;
Le limonier, suant du mors à la croupière,
Tire, et le roulier fouette, et le pavé glissant
Monte, et le cheval triste a le poitrail en sang.
Il tire, traîne, geint, tire encore et s'arrête ;
Le fouet noir tourbillonne au-dessus de sa tête ;
C'est lundi : l'homme hier buvait aux Porcherons
Un vin plein de fureur, de cris et de jurons ;
Oh ! quelle est donc la loi formidable qui livre
L'Être à l'être, et la bête effarée à l'homme ivre ?
L'animal éperdu ne peut plus faire un pas ;
Il sent l'ombre sur lui peser, il ne sait pas,
Sous le bloc qui l'écrase et le fouet qui l'assomme,
Ce que lui veut la pierre et ce que lui veut l'homme.
Et le roulier n'est plus qu'un orage de coups
Tombant sur ce forçat qui traîne des licous,

Qui souffre et ne connaît ni repos ni dimanche.
Si la corde se casse, il frappe avec le manche,
Et si le fouet se casse, il frappe avec le pied ;
Et le cheval, tremblant, hagard, estropié,
Baisse son cou lugubre et sa tête égarée ;
On entend, sous les coups de la botte ferrée,
Sonner le ventre nu du pauvre être muet !
Il râle ; tout à l'heure encore il remuait ;
Mais il ne bouge plus et sa force est finie ;
Et les coups furieux pleuvent ; son agonie
Tente un dernier effort ; son pied fait un écart,
Il tombe, et le voilà brisé sous le brancard ;
Et, dans l'ombre, pendant que son bourreau redouble,
Il regarde Quelqu'un de sa prunelle trouble ;
Et l'on voit lentement s'éteindre, humble et terni,
Son œil plein des stupeurs sombres de l'infini,
Où luit vaguement l'âme effrayante des choses.

VICTOR HUGO *(Les Contemplations).*

E tous les animaux domestiques, le cheval est, sans contredit, le plus utile et le plus intéressant à la fois, aussi est-il voué au travail dès l'âge de cinq ans, sans trêve ni merci, jusqu'au jour où, après avoir été pendant vingt ans la proie des maquignons de toutes classes, il échouera chez l'équarrisseur ou chez le boucher! oh! il ne devra rien aux hommes, car il aura toujours largement gagné sa vie.

Si la nature l'a pourvu de formes élégantes, d'une jolie robe, d'attaches fines et de proportions gracieuses, s'il est de noble race, il pourra jouir quelques années d'un bien-être intéressé que lui assureront l'orgueil et les intérêts de son propriétaire, mais avec le fiacre, l'horrible fiacre en perspective.

S'il est, au contraire, de naissance vulgaire, bien rablé, mais lourd et commun, il entrera dans les limons d'un équipage d'entrepreneur cossu, pour finir chez un gravatier, un marchand de sable ou un déménageur au rabais.

Des cavaliers et des cochers de rencontre vous diront que le cheval mérite peu de sympathie parce qu'il n'est pas intelligent; cependant, les propriétaires qui ont pris la peine de l'étudier, les écuyers des cirques, généralement durs et méchants, et les contrebandiers obtiennent de lui des résultats en contradiction avec cette assertion de gens dont le jugement est très discutable.

14

Et quand cela serait? ses aptitudes ne sont-elles pas suffisantes pour la besogne qu'on exige de lui? en tout cas, il est généralement très supérieur à son conducteur : la vérité, c'est qu'il est trop bon et trop docile, ce qui est toujours une bêtise assurément.

Qui plus est, ce martyr de l'homme est précisément victime de ses qualités, j'allais dire de ses vertus, car ce sont elles qui excitent la cupidité d'exploiteurs éhontés, de fainéants et autres pirates plus ou moins bien vêtus qui prétendent jouir de la vie sans travailler.

Lorsque les infirmités ou la vieillesse font du cheval une bouche inutile, on l'abat sans scrupule; fort bien, puisqu'il ne peut guère en être autrement, mais au moins efforcez-vous de racheter cette injustice inévitable par votre bonté, par vos soins éclairés envers cet humble serviteur durant sa vie, et évitez-lui les souffrances inutiles, de façon à ce que votre conscience vous absolve de votre ingratitude; il faut être né *souscripteur* ou charretier pour ne point comprendre cela.

C'est donc vers le cheval que doivent porter

les principaux efforts de la protection des animaux,
d'autant plus que l'exagération et le fétichisme ne.
sont pas à craindre à son égard et que les services
qu'il rend ne seront jamais trop récompensés; ce
n'est plus de la protection saugrenue et intempes-
tive dont on peut critiquer l'opportunité, cette
protection égoïste qui s'adresse à des animaux que
l'on condamne à l'esclavage par pure fantaisie, car
les écureuils et les oiseaux seraient certainement
bien plus heureux en liberté.

A propos du cheval, permettez-moi de vous
présenter quelques types de charretiers et de
cochers que vous reconnaîtrez parfaitement pour
les avoir rencontrés et regardés lorsqu'un embarras
de voitures et des hurlements féroces vous ont
parfois distrait de la lecture de votre journal pendant une promenade ou bien lorsque vous avez dû
vous arrêter afin de ne pas être écrasé.

Notez que la tenue du conducteur est toujours
en rapport avec l'attelage et le véhicule qu'il
« accompagne ».

Tenez, voici un tombereau chargé de terre
provenant d'une fouille et attelé de deux vigoureux

chevaux entiers, gris pommelé ou blanc, au poitrail développé, aux muscles puissants et les oreilles en avant; les colliers bien ajustés sont surmontés de superbes peaux de mouton bleues et munis de l'éponge et de la brosse d'ordonnance : le charretier marche philosophiquement à la tête du limonier, le cordeau dans la main droite, le fouet rejeté sur l'épaule gauche; il est coiffé d'un chapeau mou qui fut noir et vêtu d'une blouse d'un bleu douteux, mais elle est propre et relevée par derrière à hauteur de la ceinture d'un pantalon de velours marron qu'il introduira dans ses bottes lorsqu'il y aura de la boue, un éclatant foulard où domine le rouge flotte sur sa poitrine : de temps en temps un petit coup de mèche sur la fesse réveille le « devant » que la monotonie de la marche finissait par endormir; pas de coups de fouet retentissants, pas de cris, et les chevaux hennissent parfois joyeusement, signe certain de bien-être.

Homme et bêtes gagnent honnêtement leur vie : voilà le vrai charretier, celui qui ne travaille que dans les bonnes « conditions »; pas mauvais

LES FIACRES

diable à jeun et seul, mais susceptible de devenir brutal s'il est entre deux vins ou au milieu de ses camarades ; une fois soûl, il battra ses chevaux ou les embrassera avec onction, cela dépendra de sa nature.

Plus loin, votre attention est attirée par des coups de fouet stridents et répétés, c'est un camion ou un tombereau disloqué et mal chargé de platras ou de meulière, conduit par un voyou, rarement débarbouillé et couvert jusqu'aux oreilles d'une casquette jadis à pont, vêtu d'une cotte et d'une blouse ou d'une veste déchirée et crasseuse, se traînant à dix pas en arrière de la voiture ; le cheval d'un blanc sale est vieux, ruiné et blessé et la peau des épaules désormais superflue par suite de l'amaigrissement du corps, forme des bourrelets à hauteur du collier ; le garrot est dénudé, la partie supérieure de l'encolure est cintrée en dedans, les oreilles tombent et l'œil est vitreux ; le pauvre animal n'a plus de poitrail, les genoux sont enflés et dépouillés par suite de chutes nombreuses, les boulets sont tuméfiés et garnis de longs crins que les ciseaux n'ont pas approchés depuis

longtemps, les sabots secs et fendillés sont
chaussés de fers qui n'ont jamais dû être neufs;
flancs creux, hanches pointues, poil gras et terne,
telle est la pauvre bête : ses harnais dépenaillés et
trop grands, sont entretenus au moyen de ficelles
et de coussins en paille, et cachent des plaies pu-
rulentes; mais aux jours de fête, son conducteur
lui attachera ironiquement à la crinière et au
frontal quelques rubans pris aux tas ou des bran-
ches de buis le jour des Rameaux.

L'électeur en question ne reste jamais plus de
deux ou trois jours dans la même maison, et ne
travaille que pour des « louageurs » et de petits
entrepreneurs besogneux et mal outillés qui exploitent des chevaux de rebut, âgés et achetés à
l'équarrisseur sur une surenchère de cinq francs.

Un autre type de charretier aussi peu sym-
pathique, c'est l'auvergnat : celui-là conduit sa
voiture lui-même, toujours debout comme le
paysan; il est cupide, brutal et hermétiquement
bouché, il est dur avec les siens qu'il considère
comme un capital dont il touche les intérêts,
la paternité n'étant pour lui que le résultat d'une

promiscuité bestiale : c'est le plus terrible de tous les despotes.

Quand le charbon ne donne pas, il fait les déménagements et les transports des gravats, du moellon et des matériaux de démolition ; très gourmand quoique avare, il est généralement gris à partir de dix heures du matin ; dès lors, il lance son cheval à fond de train, afin de rattraper le temps perdu chez les marchands de vins, il crie fort et frappe à tours de bras, et sa voiture parcourt les rues en décrivant des zigzags compromettants pour la sécurité publique ; lui, l'auvergnat, n'a pas conscience du péril, le cheval doit être intelligent pour deux, bien heureux encore, si son maître songe à lui donner à manger et à boire tous les jours.

Vous remarquerez que ces individus voyagent rarement seuls, il y a toujours plusieurs équipages à la file, parce qu'ils ont des points de repère chez les « pays » qui vendent à boire et chez lesquels ils s'attendent afin de repartir ensemble.

L'auvergnat est le plus rude meneur de tous les charretiers.

Quant au cocher de fiacre, je n'en dirai que quelques mots, vous connaissez assez le sujet pour lui avoir donné de gros pourboires dans l'espoir d'obtenir ses bonnes grâces parce que vous le craignez; c'est bien souvent un être dévoyé, fainéant, goinfre et hargneux que le travail des champs a effrayé; il frappe pour faire du mal, il conduit brutalement et sans expérience, et vous ne trouverez pas dans la corporation dix pour cent de gens du métier; à ses yeux le fouet est un instrument de torture dont le manche servira à cogner alternativement sur sa bête et sur son client.

Il tient rarement son cheval en mains et ne le dirige que par à-coups en sonnant à la bouche qu'il scie à tous moments au risque de le faire emballer.

Monsieur fume sa pipe ou son crapulos, le chapeau sur l'oreille et les jambes croisées, afin de faire valoir ses pantoufles bariolées.

Ce savoyard monte sur le siège quinze jours après son débarquement à Paris qu'il ne connaît pas plus que le français; nonosbtant, il se croit « quelqu'un » et s'arroge le droit d'être insolent et d'écraser les piétons, certain qu'il est que les dégâts et les blessures seront payés par les entrepreneurs d'assurances homicides qui fonctionnent sous l'œil paternel de l'autorité.

Entre les mains de cet automédon, un cheval dure six mois; le cheval de fiacre, Compagnie générale, Urbaine ou autres, travaille de quatorze à dix-huit heures par jour, pendant lesquelles il parcourt 80 kilomètres à charge ou en maraude.

Certains cochers restent deux ou trois jours sur la place sans rentrer, si la recette n'a pas été fructueuse le premier jour.

Le cocher ivrogne et gourmand dépense 6 à 7 francs pour sa nourriture et ses libations, et les ouvriers savent fort bien que l'on mange confortablement chez les marchands de vins que fréquentent les cochers; étonnez-vous après cela si ces goinfres se plaignent de ne pas gagner assez et éreintent leurs chevaux afin de gagner davantage.

Il est évident que les compagnies et les patrons sont aussi coupables que leurs employés,

sinon ils les surveilleraient, abaisseraient les
« moyennes » (les compagnies exigent de chaque
cocher une moyenne qui varie entre 17 et 22 francs
par jour) et organiseraient un contrôle pratique
qui améliorerait le sort de leur cavalerie.

Le cheval de fiacre est souvent blessé au ventre,
près des coudes par la sangle de la sellette qui a été
ajustée trop près du garrot; quelquefois aussi on
aperçoit de petites plaies sous le collier à la
partie moyenne de l'épaule.

Un sous-brigadier de gardiens de la paix a
dressé contravention à un cocher de loueur qui
avait gagné 180 francs en 72 heures de travail con-
sécutif, en conduisant au moyen d'une lanière
armée d'une balle en plomb taillée à facettes, de
sorte que le pauvre animal était couvert d'ecchy-
moses et de déchirures.

On peut ranger parmi les meneurs à outrance
les conducteurs des voitures de commerce, laitiers,
blanchisseurs, grainetiers, épiciers, fabricants de
produits chimiques, brasseurs, les conducteurs de
viande et des haquets affectés au transport des
vins, lesquels conduisent toujours au grand trot,

de façon à rattraper le temps perdu sur les comptoirs.

Quand on les prend en faute, ils mentent effrontément, se posent en victimes, et crient très haut pour attrouper les passants ; en ce cas, inutile de pérorer, on fait dresser procès-verbal par un agent pour « excès de vitesse ».

En passant le soir ou la nuit près d'une gare de chemin de fer, vous n'avez pas été sans remarquer la file d'équipages hétéroclites qui attendent les voyageurs des grandes lignes ; ce tableau mérite certainement une mention spéciale, car il présente une note très pittoresque dans le Paris ignoré.

Ce « sapin » délabré a dû être jaune paille à une époque très reculée, aujourd'hui il est couleur de boue, et son toit en zinc tout bossué est entouré d'une galerie destinée à recevoir les bagages ; l'intérieur tapissé d'une étoffe qui fut probablement du velours, peut contenir cinq personnes et des paquets ; des deux lanternes réglementaires plantées au hasard, souvent à l'envers, c'est à peine s'il y en a une en état d'éclairer à peu

près bien; un des brancards dépareillés est rac-
commodé avec de la corde.

Après quelques minutes d'observation, l'œil
finit par découvrir ou plutôt deviner une masse
informe et inerte, juchée sur le siège; eh bien ça,
c'est le cocher, une silhouette digne de Callot.

Cette face patibulaire aux yeux glauques ou
fermés, est ornée d'une barbe inculte, et la lèvre
pendante paraît retenir un brûle-gueule, dont le
fourneau est renversé; le tout est surmonté d'un
vieux chapeau de feutre gras et luisant; en hiver,
ladite tête est enveloppée d'un mouchoir de couleur qui garantit les oreilles de la bise.

Pas de livrée, mais un gros pardessus déteint;
en toutes saisons, ce prolétaire porte sur les
épaules une couverture rapée qu'il attache sur la
poitrine au moyen d'une ficelle; des galoches et
des fragments de tapis aux extrémités, complètent
son accoutrement.

Sur le côté droit du garde crotte, se trouve un
bâton court le long duquel pend un soupçon de
fouet, également court, dont il ne se sert jamais;
mais le gros bout de cette espèce de manche est

LE CHEVAL DE NUIT

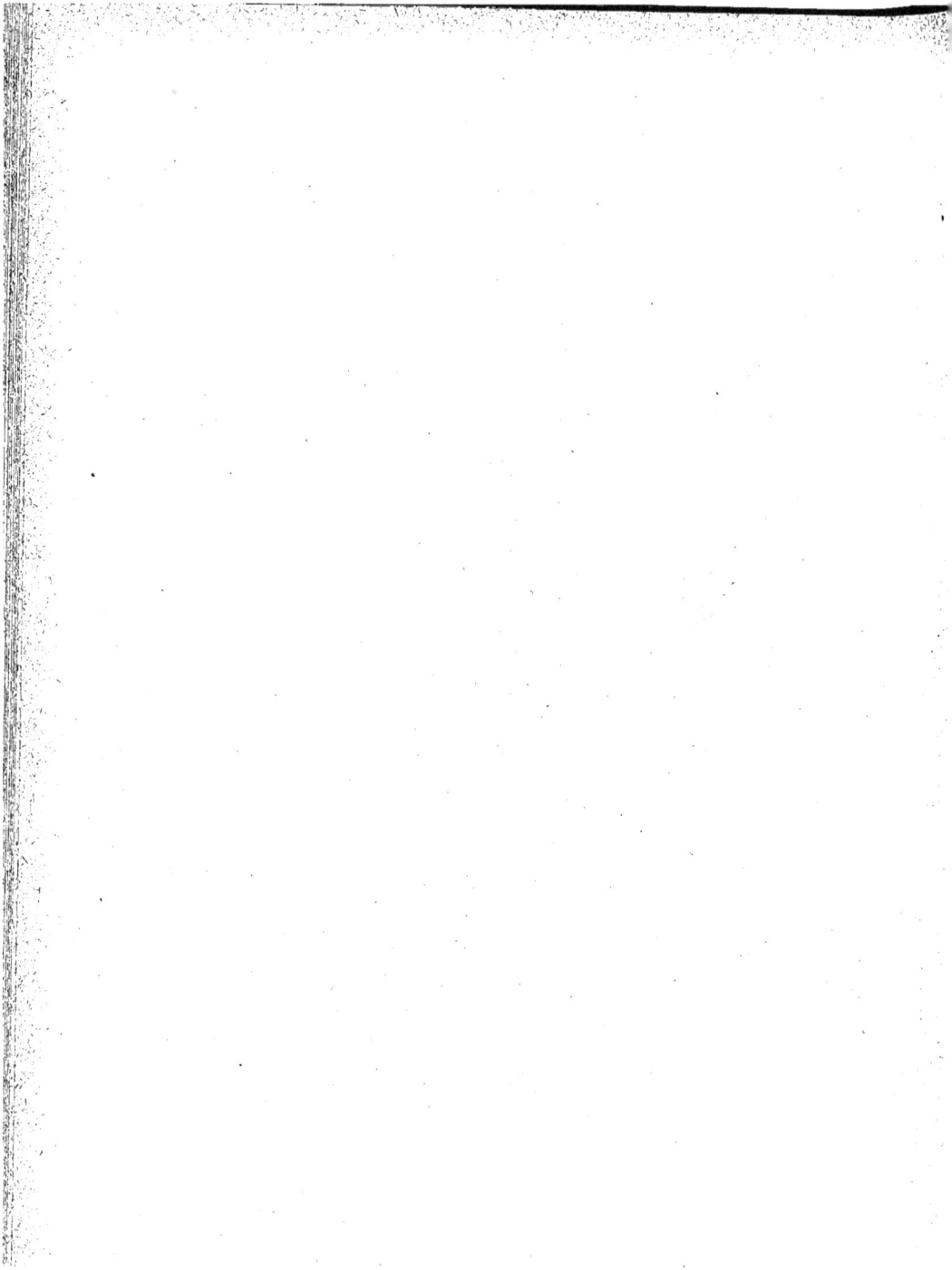

armé d'un clou aigu, que le « brave homme »
enfoncera de temps en temps dans le fondement de
son cheval, afin de le stimuler pendant la marche ;
les novices piquent sur les fesses, mais ce moyen a
le grave inconvénient d'attirer l'attention parce
qu'il laisse des traces sanglantes sur le poil, surtout lorsqu'il est blanc.

Le harnais se compose d'un vieux collier
éventré trop petit ou trop grand ; dans ce dernier
cas, il est garni de longs coussinets destinés à
combler les vides qu'accentue encore la maigreur
de l'animal ; quelquefois la sellette est représentée
par une courroie qui supporte les brancards ; souvent pas d'avaloire ni de culeron.

La guimbarde est attelée d'un ou deux chevaux, suivant leur taille et leur force, anciens chevaux de fiacre réformés ou carrossiers de haute
stature, efflanqués et fourbus, et dont la peau est
usée par places, au garrot, aux épaules et sur la
croupe ; la tête basse et l'œil éteint, la pauvre bête
a l'air d'attendre le coup de marteau libérateur ;
en voyant ses jambes de devant ridiculement
arquées on est convaincu qu'elle ne tient debout

16

que par habitude et les deux épaules se rejoignent par les pointes à la place où était le poitrail; elle ne mange guère que de la paille et du maïs, et ne boit que dans les ruisseaux; la dormeuse et le clou dont il est parlé plus haut remplacent l'avoine et le foin savoureux.

Et dire que ce cheval étique et lamentable a peut-être jadis fait sensation sur le turf et autour du lac!

Il ne jouira d'un repos absolu que la nuit où, tombé d'épuisement et d'inanition sur la voie publique, on l'enverra chez Macquart par ordre du commissaire de police.

Ce martyr du travail s'appelle « *le cheval de nuit* ».

On ne doit pas non plus oublier le cheval de déménagements, une autre victime de la cupidité et de la brutalité de certains exploiteurs; quelques anciennes maisons possèdent une bonne écurie, et un personnel fixe et convenable, mais en revanche, la majorité de ces industriels, principalement ceux qui ont mis à la mode les wagons capitonnés, exploitent des chevaux ruinés, de vrais squelettes;

achetés ou loués à l'équarrissage, à l'époque des termes; le patron a tout intérêt à atteler plusieurs chevaux sur la même voiture, les tarifs étant basés sur le nombre de colliers : trois de ces animaux n'ont pas la force d'un bon cheval, aussi la charge excède-t-elle toujours d'un bon tiers le poids normal pour un attelage robuste.

Le déménageur est un être à part, une variété de rôdeur sans profession déterminée, qui ne travaille que par intermittence, ivrogne, méchant et dangereux : il n'est pas charretier, et se soucie fort peu de son attelage qu'il frappe et malmène à tout propos.

Parmi les animaux de trait et de monture il faut placer l'âne, ce modeste serviteur aussi conspué que peu connu, ce souffre-douleur que de sots préjugés ont livré sans défense à la méchanceté des hommes et des femmes de toutes classes; mais il ne viendra jamais à l'idée de qui que ce soit de le protéger, dans la crainte d'être montré du doigt.

« Bête comme un âne », disent les malins, qui croient ainsi justifier leurs mauvais procédés envers lui. Est-ce bien vrai?

L'espèce asine tend à disparaître assez rapidement sur beaucoup de points du territoire, les moyens de transport étant plus faciles et moins coûteux qu'autrefois; cependant, aux environs de Paris et dans les villes d'eaux, les promenades à âne ont conservé leur prestige auprès des baigneurs et de la jeunesse folâtre partie le matin avec la ferme intention de jouir de tous les plaisirs dits champêtres.

C'est à qui frappera le plus fort ou piquera le plus régulièrement sur des plaies qui n'ont jamais été cicatrisées depuis que l'animal a été mis dans la circulation; les dames élégantes et les mignonnes fillettes ne sont pas les moins cruelles, bien au contraire, d'ailleurs dans la voie du mal toutes les femmes sont égales en férocité, c'est le seul terrain sur lequel elles fusionnent sans arrière-pensée.

C'est si bon de se détendre les nerfs en riant des soubresauts que provoque la douleur chez la pauvre bête inoffensive! cela fait diversion aux homélies et aux confessions imposées par M. le Curé.

Peuh! un âne, ça ne compte pas, et puis

l'homme dans sa sagesse a décidé qu'il était nécessaire de martyriser l'âne pour le diriger.

Les chiffonniers se servent aussi d'ânes et de
petits chevaux souffreteux et étiques, ne marchant
que sur trois jambes au plus, et attelés avec des
cordes à des carrioles disloquées qui contiennent
le butin et toute la tribu : ces animaux sont
proches parents des chevaux de nuit, mais ils sont
quelquefois moins malheureux s'il se trouve dans
la famille une bonne âme qui les prenne en amitié.

Le nomade, saltimbanque, mendiant ou marchand de paniers, utilise de vieux chevaux de
réforme dont la vie se passe en plein air, sur la
route ou sur quelque rond-point servant habituel-
lement de grand'halte à cette classe de touristes;
ma foi, c'est encore préférable au séjour dans des
écuries étroites et fétides.

De nos jours le hâlage des bateaux par chevaux
a considérablement diminué, et c'est un grand
bonheur pour ces derniers; le charretier de
bateaux est un vagabond en rupture de ban que la
vue d'un gendarme fait tressaillir, c'est un bourreau
pour l'attelage qu'il conduit.

Dans les mines on emploie des chevaux qui y vivent et y meurent; les mineurs ne les maltraitent pas et les considèrent comme des compagnons de misère.

Le mulet est un animal de trait et de charge très apprécié dans les pays montagneux et dans les armées en campagne; il est très sobre, il a le pied plus agile que le cheval et résiste à la fatigue bien mieux que lui.

En temps de guerre il sert au transport des blessés ou des outils de terrasse : ce dernier labeur est tellement pénible, par suite du poids excessif des fardeaux, que l'animal succombe généralement au bout de quelques jours.

Enfin, les maraîchers, les blanchisseurs et autres industriels, attèlent leurs chevaux de trait à des manèges; ce travail fatigant est très pernicieux pour leur santé.

Je termine en vous apprenant que les grandes Compagnies : la Compagnie Générale, l'Urbaine, la Compagnie des Omnibus même font usage de chevaux de nuit, c'est-à-dire de chevaux blessés et fourbus qu'elles n'osent pas faire sortir en plein jour, par amour-propre probablement! c'est indigne de grandes administrations, soit, mais les actionnaires s'en accommodent très bien, et les administrateurs et chefs de services jouent l'indignation lorsqu'on leur démontre que leur cavalerie est surmenée, insuffisamment nourrie et cruellement maltraitée par tous les palefreniers et la majorité des conducteurs.

Les vieux Parisiens se rappellent encore le temps où les chevaux d'omnibus faisaient l'admiration des passants, tant pour leur vigueur que pour l'habileté des cochers; on disait alors : « Robuste comme un cheval d'omnibus ». C'était, il est vrai, avant le règne des hauts barons de la finance.

Ainsi, messieurs, vous vous croyez honnêtes, parce que vous n'avez ni tué avec un couteau, ni volé dans des poches? et beaucoup d'entre vous sont membres de Sociétés protectrices des animaux! belle morale, en vérité, que celle qui érige en principe l'élasticité de conscience.

La bonté consiste à aimer et relever tout être déshérité et malheureux que la nature ou la fata-

lité condamne à la servitude et à l'infériorité
sociale, mais sans les déclamations et sans la
publicité qui sont presque toujours le véritable
nerf de la charité que vous pratiquez.

LETTRE VIII

S i vous le voulez bien, nous parle-rons aujourd'hui des chiens, vos frères inférieurs, que Michelet appelait des « candidats à l'huma-nité », et j'ajoute, des candidats honnêtes afin de les distinguer des pitres et des ambitieux sans vergogne qui vivent à vos dépens.

Je me sens d'autant plus à l'aise que je suis un déclassé de l'espèce, ne devant rien aux hommes qui n'ont à me reprocher que ma trop grande confiance en eux; je n'ai jamais eu qu'un maître qui, d'ailleurs, m'abandonna lorsqu'il s'aperçut que je n'étais pas bien beau, sans quoi il m'eût probablement gardé... pour me vendre.

Après avoir cependant longtemps cherché sa piste, je pris résolument mon parti de la situation et, au bout de plusieurs mois de vagabondage passés dans la société des chiffonniers et autres affamés, j'utilisai mes loisirs à étudier l'humanité dans ses rapports avec les animaux : j'acquis bien vite la conviction que la plupart des hommes ne nous connaissent pas; de là cette antipathie et ce dédain dont nous sommes les victimes innocentes.

Bien des gens se figurent que le chien est servile de sa nature; c'est faux, car il naît avec de nobles instincts et l'amour de l'indépendance; ce sont les ignorants et les butors qui l'asservissent sottement et lui imposent ces attitudes craintives et rampantes à force de le battre; sa docilité n'a d'autres mobiles que son attachement à son maître et le désir de lui être agréable.

Ne rencontrez-vous pas, trop souvent hélas, à la honte de votre société, des enfants, des

adultes chez lesquels les mauvais traitements ont
atrophié l'intelligence, et dont les allures gauches
et timides reflètent toujours une angoisse poi-
gnante.

Combien d'hommes ordinaires ne possèdent
pas la faculté d'assimilation et la perspicacité des
chiens en général et des chiens de berger et de
contrebandier et des chiens de chasse en particulier?

Que d'individus réputés bons, qui ne pous-
seront jamais les sentiments de devoir et d'abnégation aussi loin que le chien d'aveugle !

Qu'est le chasseur sans un chien pour le guider?
et ce berger chargé de la conduite de plusieurs
centaines de bestiaux, comment s'en tirerait-il
sans ses chiens qui connaissent le troupeau, les
pâtures et les heures de passage de l'une à l'autre?

Quoi de plus admirable que l'immobilité de
ce toutou d'aveugle qui accepte bénévolement
l'esclavage, quand il lui serait si facile de s'en
affranchir, lui que la nature a créé pour l'activité et la course; eh bien non, il regarde stoï-
quement passer ses camarades joyeux et libres,

parce qu'il sait que son maître compte sur lui pour le diriger : comparez cet humble chien aux individus des deux sexes, parents ou amis, qui exploitent les aveugles en leur imposant une recette déterminée qu'ils boiront le soir même, et dites-moi de quel côté se trouvent le cœur et l'honnêteté ?

Le chien a le sentiment du devoir comme le prouvent les faits suivants : Un troupeau de bœufs passait sur la route de Saint-Denis; un bœuf devenu subitement furieux s'échappe, et parcourt les rues de la Chapelle, Riquet, etc... et s'engage sur la voie de raccordement de la ligne de l'Est au chemin de ceinture, les chiens l'avaient empêché de rentrer dans Paris : chaque fois que l'animal s'apprêtait à foncer sur quelqu'un, les chiens lui sautaient aux naseaux et détournaient les coups.

Le bœuf aperçoit la lanterne rouge d'un train de marchandises arrivant sur lui et se précipite sur la machine, un des chiens s'élance une dernière fois à sa tête et s'y suspend; la machine les écrase tous deux.

LE SEUL AMI!

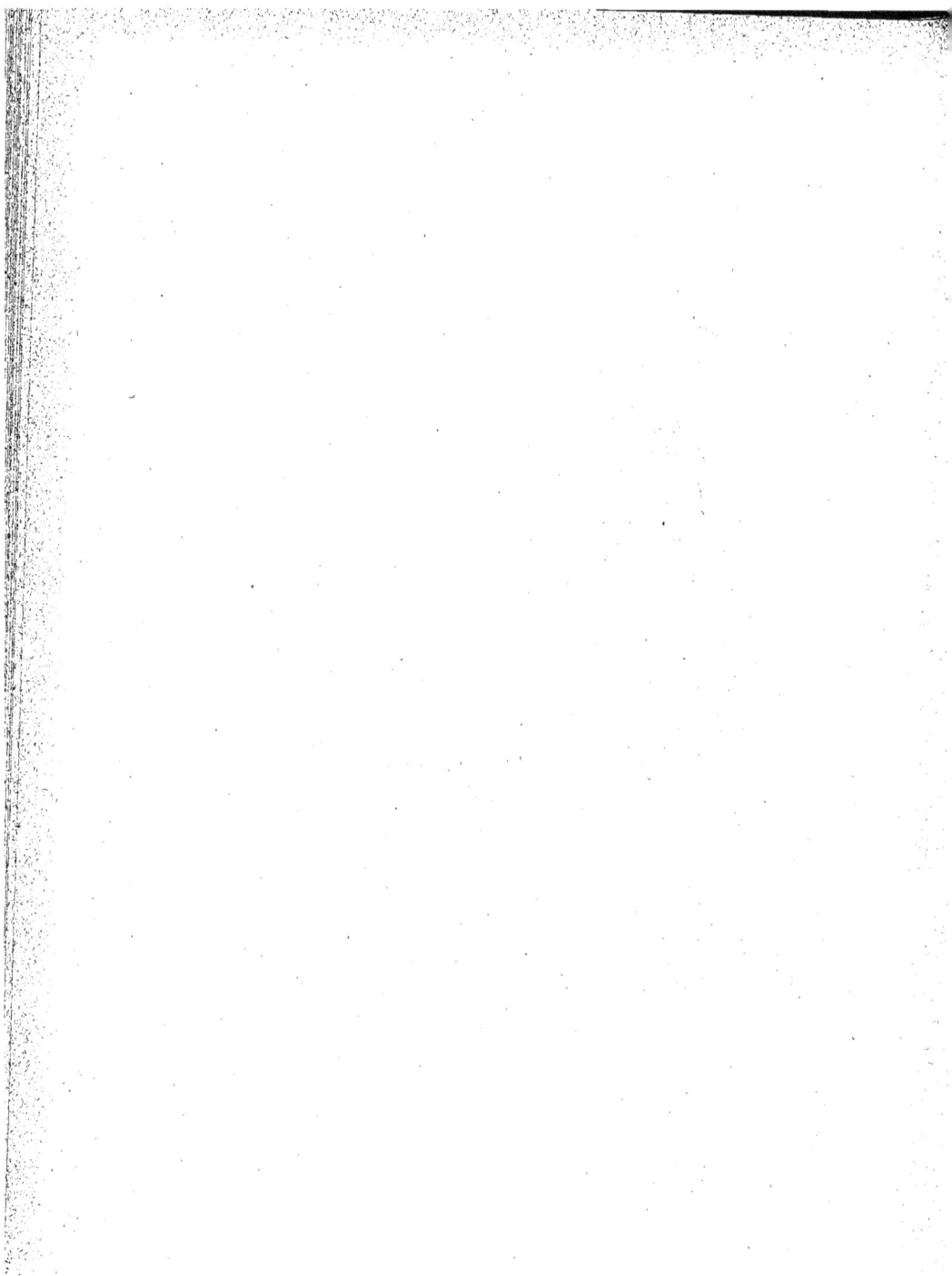

L'autre vint retrouver son maître rue Pajol.

On n'avait certes pas appris à ces animaux à agir ainsi ; ils ont donc accompli leur devoir spontanément et en connaissance de cause.

Un aveugle suivait lentement le trottoir, guidé par un chien attaché à une ficelle ; passe un gamin d'une douzaine d'années, tenant d'une main une tartine garnie, et de l'autre un couteau ouvert, au moyen desquels il coupe la corde et cherche à attirer l'animal ; ce dernier jette un regard de convoitise sur le pain, mais la tentation ne dure qu'une seconde, car il revient près de son maître, se dresse le long de sa jambe et s'efforce de lui faire comprendre qu'il ait à rajuster la ficelle.

Certain soir, un fermier remarque que le troupeau n'est pas au complet, il manque une brebis et un chien ; on se met à leur recherche, mais on ne les trouva que le lendemain.

La brebis avait mis bas deux agneaux ; comme la mère et les petits n'étaient pas en état de marcher, le chien s'était couché auprès de la petite famille, et était resté deux jours à la veiller.

Pendant ce temps la brebis avait brouté l'herbe,

les agneaux avaient tété la mère, mais le pauvre
chien n'avait ni bu ni mangé : pour agir ainsi, il a
fallu à ce chien, non seulement de l'instinct mais
encore du raisonnement.

Oh! vous êtes bien fiers avec nous, hommes
vulgaires que l'on entraîne avec du vin ou du trois-
six frelaté ; vous nous « jetez » dédaigneusement
les reliefs de votre repas sans réfléchir qu'une fois
ivres vous dévorerez à pleine bouche dans l'assiette
du voisin jusqu'au moment où vous boirez inconsciemment de l'esprit-de-vin que vous irez cuver
près d'une borne.

Quant aux gourmets, c'est une autre affaire,
ils ne mangent le gibier que lorsque le poil et la
plume se détachent de la peau par suite de la
décomposition des chairs.

Allons, messieurs, rentrez un peu en vous-
mêmes, et vous serez ensuite plus indulgents à
l'égard du chien qui cherchera un os pour en
sucer la moelle, car parfois vous puez la vieille
pipe et la boisson, cela rétablit bien l'équilibre
entre nous, je pense.

Voit-on jamais un animal se livrer à des excès

s'il n'a pas jeûné trop longtemps? Quand il est bien soigné, il ne mange que le nécessaire, tandis que l'homme boit et mange d'autant plus gloutonnement qu'il a plus d'argent, et par suite moins d'appétits pressants à satisfaire.

Remarquez que les défauts et écarts que vous prenez plaisir à constater chez les animaux, afin de justifier votre mépris et vos préventions, se retrouvent chez vous avec tous les raffinements désirables, malgré votre instruction et le sentiment de votre dignité.

Dans certains pays voisins, et même dans quelques contrées en France, il est encore d'usage d'atteler des chiens, mais dans beaucoup de villes, à Paris notamment, les préfets ont interdit ces attelages qu'ils considèrent avec raison comme de « mauvais traitements » : malheureusement les agents se soucient fort peu des ordonnances.

En effet, le chien n'est pas conformé pour tirer et porter, le chien français surtout, dont la taille dépasse rarement la moyenne, car il est impossible de lui adapter un harnais ayant un autre point d'appui que la trachée ; et comme il ne trans-

18

pire pas, il est incapable de supporter une chaleur intense : chez les autres animaux, la sueur absorbe, pour se volatiliser ensuite, le calorique qui se trouve en excès à la surface du corps ; chez lui, l'exhalation n'a lieu que par la bouche, d'où cette respiration haletante, cette suffocation et cet écoulement salivaire qui se produisent quand on le surmène.

D'autre part le chien, dont le tempérament est essentiellement sanguin, ne sait pas modérer son ardeur, et ne recule devant aucun effort pour satisfaire son maître ; enfin, l'attelage plus encore que l'attache modifie complètement son caractère, il devient agressif et hargneux à l'égard de l'homme et des animaux, et par suite, dangereux pour la sécurité publique : ces deux procédés équivalent à la séquestration rigoureuse qui est généralement le facteur le plus actif de la rage, puisqu'elle met obstacle aux fonctions naturelles.

La plupart des cloutiers emploient des chiens qu'ils introduisent dans une grande roue verticale à laquelle la marche ascensionnelle de l'animal

LE CHIEN DU RÉGIMENT

imprime un mouvement de rotation semblable à celui d'un volant : ce genre de travail est presque toléré parce que les propriétaires de ces chiens les traîtent avec bonté... par intérêt.

Le chien de taille moyenne ou de forte taille est courageux, celui du contrebandier par exemple affronte les balles du douanier, et le chien de chasse court au sanglier, et ce n'est pas par ignorance du danger, puisqu'ils exercent leur métier jusqu'à ce qu'ils soient tués ; l'homme se tient prudemment en arrière.

N'estimez-vous pas le chien de garde, ce vigilant serviteur auquel vous confiez le soin de défendre votre propriété et votre vie, ce vaillant soldat du devoir auquel il est interdit de s'ébattre librement, et de donner ou recevoir des caresses ; cherchez donc un tel dévouement, une pareille abnégation parmi vous ?

Au lieu d'attacher ces chiens pendant le jour, ne serait-il pas plus humain de les enfermer dans un espace enclos où ils pourraient vaguer à l'aise sans se départir de leur vigilance ?

Pourquoi leur laisser pendant la nuit un collier

qui ne servira qu'à les faire étrangler par quelque
malfaiteur ?

Vous souvenez-vous de ce petit chien louloup,
gamin alerte et gai que l'on voyait toujours aux
aguets, perché à côté du postillon de diligence ou
courant sur les camions de marchandises ?

Il a été détrôné par le bouledogue sournois et
lourd que l'on dresse à mordre sans prévenir.

On ne doit pas non plus oublier le chien du
toucheur de bœufs sans lequel il ne pourrait conduire son troupeau ; il faut voir sur les marchés et
aux abattoirs de quelle façon il fait masser les
bestiaux, sans erreur ni confusion ; néanmoins il
est souvent battu, aussi évite-t-il de passer à portée
du bâton de son maître.

Je ne rappellerai que pour mémoire les chiens
sauveteurs, dont les exploits connus de tout le
monde devraient suffire à faire aimer la race
canine tout entière, mais un chien, c'est son
métier, dira M. Joseph Prudhomme en savourant
son *Petit Journal*.

Et le brave chien du régiment, ce va-nu-pieds
philosophe qui s'enrôle gaiement parmi les tam-

bours et clairons, afin de suivre « devant », selon son habitude, ne vous rappelle-t-il pas quelques moments de distractions lorsque vous vous morfondiez de garde à la police du quartier ou lorsque vous bivouaquiez en campagne?

Beaucoup de régiments ont possédé des chiens historiques dont quelques-uns blessés devant l'ennemi; cela prouve une fois de plus que le chien, tout comme le cheval, est indissolublement lié à l'existence de l'homme, qu'il assiste dans toutes les phases de sa vie.

Il est à remarquer que les femmes sont meilleures que les hommes envers les chiens, qui du reste le comprennent parfaitement.

En France, l'élevage du chien est très négligé, il suffit de visiter les expositions annuelles pour s'en convaincre.

Parmi les animaux domestiques, le chat occupe une place importante, plutôt en raison du nombre qu'à cause des qualités de l'espèce; il fait partie de l'immeuble de son maître et son attachement n'a souvent d'autre mobile que la stabilité et le bien-être; d'une inactivité cérébrale assez accentuée, il est parfois malhonnête sans nécessité, et son égoïsme et sa fourberie le font préférer au chien par le paysan avare et cupide qui compte sur les voisins pour le nourrir.

Le chien, honnête et loyal, est toujours la victime du chat qui le guette pour lui sauter aux yeux et se sauve ensuite bravement hors de ses atteintes.

LETTRE IX

ORSQUE de loin en loin, dans une ménagerie, le lion a le mauvais goût de rappeler un dompteur à la réalité en le détériorant modérément, quelques reporters à courte haleine annonçent à son de caisse l'événement aux fanatiques des feuilletons à trois ou quatre pour un sou, et le surlendemain paraît en bonne page l'article de fond empreint d'une forte odeur de réclame payée.

Le spectacle est épique et grandiose, le métier est héroïque et le cœur du belluaire bat, paraît-il, sous une solide enveloppe d'airain; le héros a l'œil brillant et possède l'autorité du regard, ce qui est le point capital; enfin on compare son audace au courage « anonyme » du marin, du sauveteur, du soldat, ou du citoyen et du magistrat qui affrontent sans trembler les fureurs de la populace en délire.

Halte-là, c'est aller un peu loin et la comparaison me semble déplacée.

Est-il donc permis de confondre la passion du lucre, l'orgueil et l'inconscience avec ce sentiment élevé et pur, qui pousse l'homme de cœur à marcher au danger avec sang-froid, sans autre satisfaction que celle que procure l'accomplissement du devoir; la témérité inspirée par la cupidité ou la haine n'est pas encore considérée comme une vertu, Dieu merci : pourquoi pas réclamer pour ces industriels la croix d'honneur... ou les palmes académiques !

Appellerez-vous aussi courage la conduite du braconnier et du malfaiteur qui n'ignorent pas que leur vie sera compromise s'ils rencontrent des adversaires résolus?

Reste l'œil, cet œil fascinateur! ah! oui, parlons-en de cet œil!

Regardez la tête de l'acrobate en habit ou en tunique à brandebourgs, vous y rencontrerez il est vrai deux yeux au lieu d'un annoncé, mais ils sont vulgaires et insignifiants, et n'ont d'autre expression que la dureté : de séduction, ils n'en ont point.

La plupart des dompteurs sont d'anciens palefreniers de ménagerie qu'un « accident » oblige à suppléer le patron; cela donne une idée de leur distinction.

Il vaut mieux ramener les choses à leur véritable point et avouer la vérité, quitte à déprécier les mérites du dompteur aux yeux du public idolâtre et ignorant.

Les tigres et les panthères sont rebelles à la domestication et réellement redoutables, aussi ne servent-ils qu'à la parade, et l'on pénètre rare-

ment dans leurs cages; les lions font seuls les frais
du spectacle.

Dès leur naissance, les lionceaux sont enlevés
à la mère qui, sans cela, ne voudrait plus « travailler », et confiés à des chiennes nourrices;
certains industriels en possèdent jusqu'à 25 ou
30 qu'ils manipulent comme des petits chiens
jusqu'à l'âge d'un an, puis les vendent à des
confrères, qui, à leur tour, leur donnent une
seconde éducation afin de faire disparaître cette
familiarité qui nuirait à la « majesté » de l'exhi-
bition en diminuant le prestige du dompteur.

Le lion ainsi domestiqué n'est nullement féroce
et nombre d'amateurs ont pu pénétrer dans sa cage
sans même attirer son attention; il désire être
tranquille et rien de plus.

Évidemment ces félins sont soumis à certaines
pratiques sur les sens, lesquelles employées avec
prudence sont d'un puissant effet sur des animaux
auxquels le régime cellulaire interdit l'accouple-
ment, sauf le cas où le propriétaire tient à la
reproduction pour le commerce.

Quelques dompteurs ont été dévorés, me direz-

LE MULET

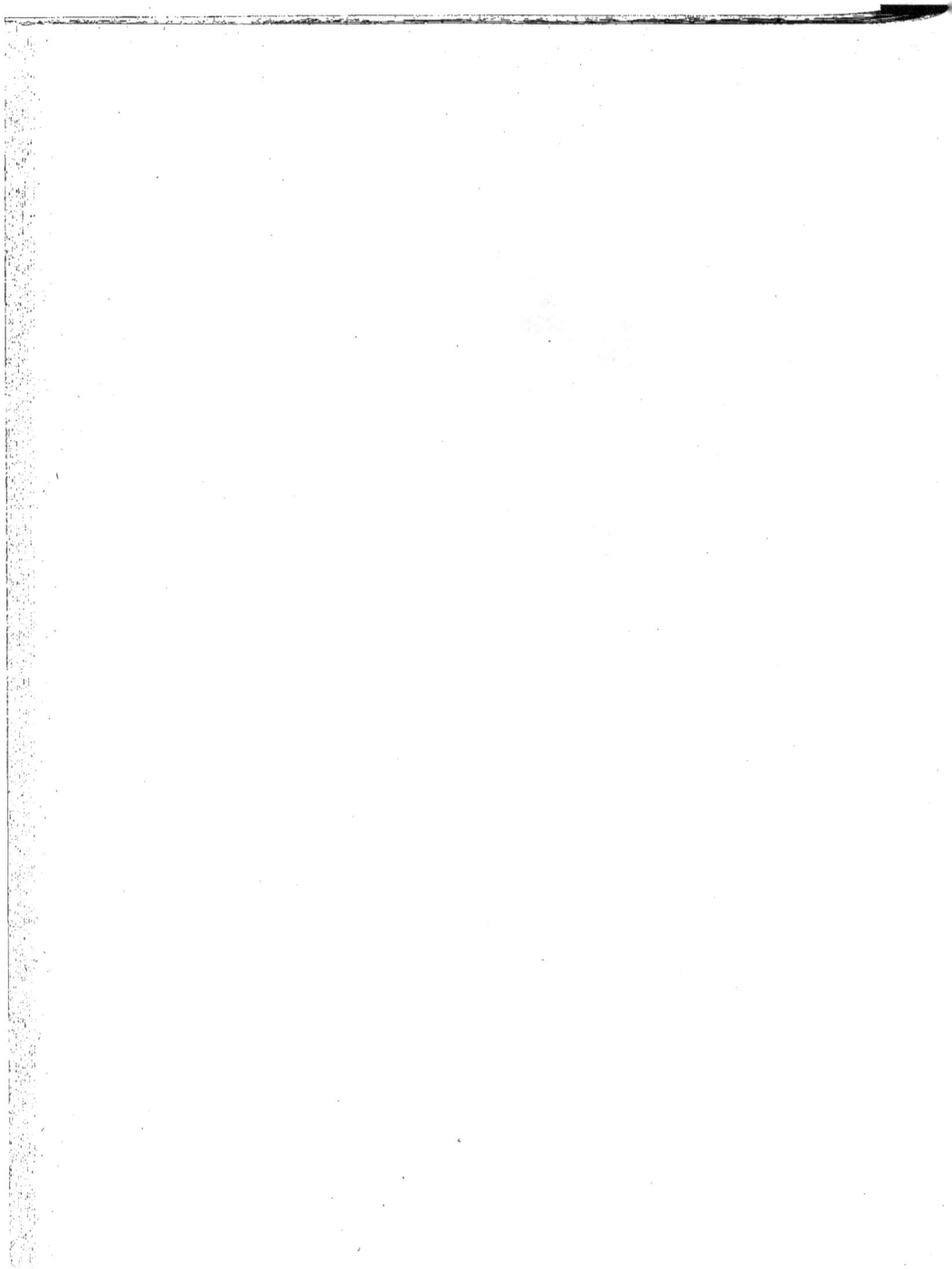

vous, et cela devrait refroidir le zèle des autres ;
vous auriez raison si les exemples les plus ter-
ribles même portaient toujours leurs fruits, mais
il n'en est malheureusement rien.

Ainsi, les mineurs n'ignorent pas que la moindre imprudence peut occasionner d'effroyables dé-
sastres dont ils sont les premières victimes, et
cependant beaucoup d'entre eux se rient des pré-
cautions les plus élémentaires et n'hésitent pas à
ouvrir une lampe pour allumer leur pipe ; vous ne
prétendrez pas, j'espère, que c'est du courage, car
ce n'est que de l'inconscience.

Tenez, voici entre mille, à l'appui de ma thèse,
un fait qui s'est passé il y a quelques années à
5 lieues de Paris sur le territoire de S*** :

Un soir deux grainetiers de l'endroit reve-
naient de Paris en voiture et à vide ; après avoir
gravi une côte très raide, il leur vint à l'idée de la
redescendre à fond de train ; l'un tint solidement
le cheval à pleines mains, tandis que l'autre le
fouettait à tours de bras, puis une fois l'animal
complètement affolé, ils lui jetèrent les guides sur
le dos et se couchèrent tranquillement au fond de

la charrette ; l'équipage franchit en quelques minutes un espace de 12 à 1,500 mètres avec une
rapidité vertigineuse et ne s'arrêta qu'au bas de la
rampe en culbutant une autre voiture qui venait
en sens inverse, et dont le cheval fut éventré par
un des brancards.

Était-ce du courage ?

Notez que ces individus jouissaient d'une répu-
tation déplorable à cause de leur brutalité et de
certains méfaits sauvages commis la nuit et contre
lesquels la justice ne put acquérir que des preuves
morales.

Dans sa fatuité, le dompteur ne croit pas au
péril ; il est sûr de lui, il est plus « malin » que les
autres et il a fait une sorte de gageure, comme cette
brute qui essayait de couper avec ses dents la tête
d'un petit chat vivant introduite dans sa bouche,
ou bien cet autre idiot qui avalait des pièces de
5 francs en argent.

Je suis convaincu que dans le cas qui m'occupe
la brutalité est absolument inutile et maladroite,
et que c'est elle principalement qui provoque les
représailles de la part des animaux maltraités, et,

comme toujours, les intéressés ne le comprennent pas.

Mais à qui fera-t-on croire que des individus sans éducation et sans intelligence n'usent pas de violence à l'égard des bêtes féroces, alors qu'ils martyrisent et malmènent des animaux domestiques doux et sociables, eux qui ne conçoivent l'autorité, la domination que par la force brutale et les sévices.

Et à ceux qui prétendent naïvement que le propriétaire a tout intérêt à ne pas endommager ses sujets, je réponds que le raffinement dans la cruauté n'a pas de secrets pour les êtres méchants et abrutis, et qu'ils savent faire souffrir leurs victimes de façon à ce qu'elles ne portent aucune trace de violence et sans altérer leur santé.

Le succès de ces exhibitions ne parviendra jamais à en démontrer l'utilité; le public va y chercher une émotion violente en dehors de la vie banale avec le secret espoir d'assister à la revanche du lion contre le dompteur auquel il s'intéresse fort peu d'ailleurs; en cas d'accident tragique, on peut dire : « J'y étais », mais de plaisir, pas l'om-

20

bre. Ayez donc le courage moins bruyant de travailler comme tout le monde, citoyens belluaires,
et ne condamnez pas des animaux vigoureux et
indépendants à une séquestration contre nature,
afin de vous enrichir.

Ne croyez pas que les largesses dont vous
comblez de temps en temps les pauvres par-
viennent à faire oublier la source de votre fortune,
non; c'est une erreur que vous partagez avec
d'anciennes femmes galantes qui cherchent le
pardon d'une vie agitée dans le patronage d'œuvres
de charité; la facilité avec laquelle cet or est ré-
pandu est en parfait rapport avec les moyens employés pour le gagner.

Que l'Arabe et l'Indien tuent les animaux
féroces et nuisibles afin de protéger leur existence
et leur propriété, rien de plus juste, mais que vous
les torturiez pour vous procurer des rentes, ce
n'est assurément pas un titre de gloire.

Bien étrange en vérité cette foule hébétée et
ahurie où dominent les femmes et les enfants, qui
vient narguer les prisonniers; par exemple, à la
moindre alerte, elle se sauvera à toutes jambes, et

COMBAT DE TAUREAUX
(Le Picador)

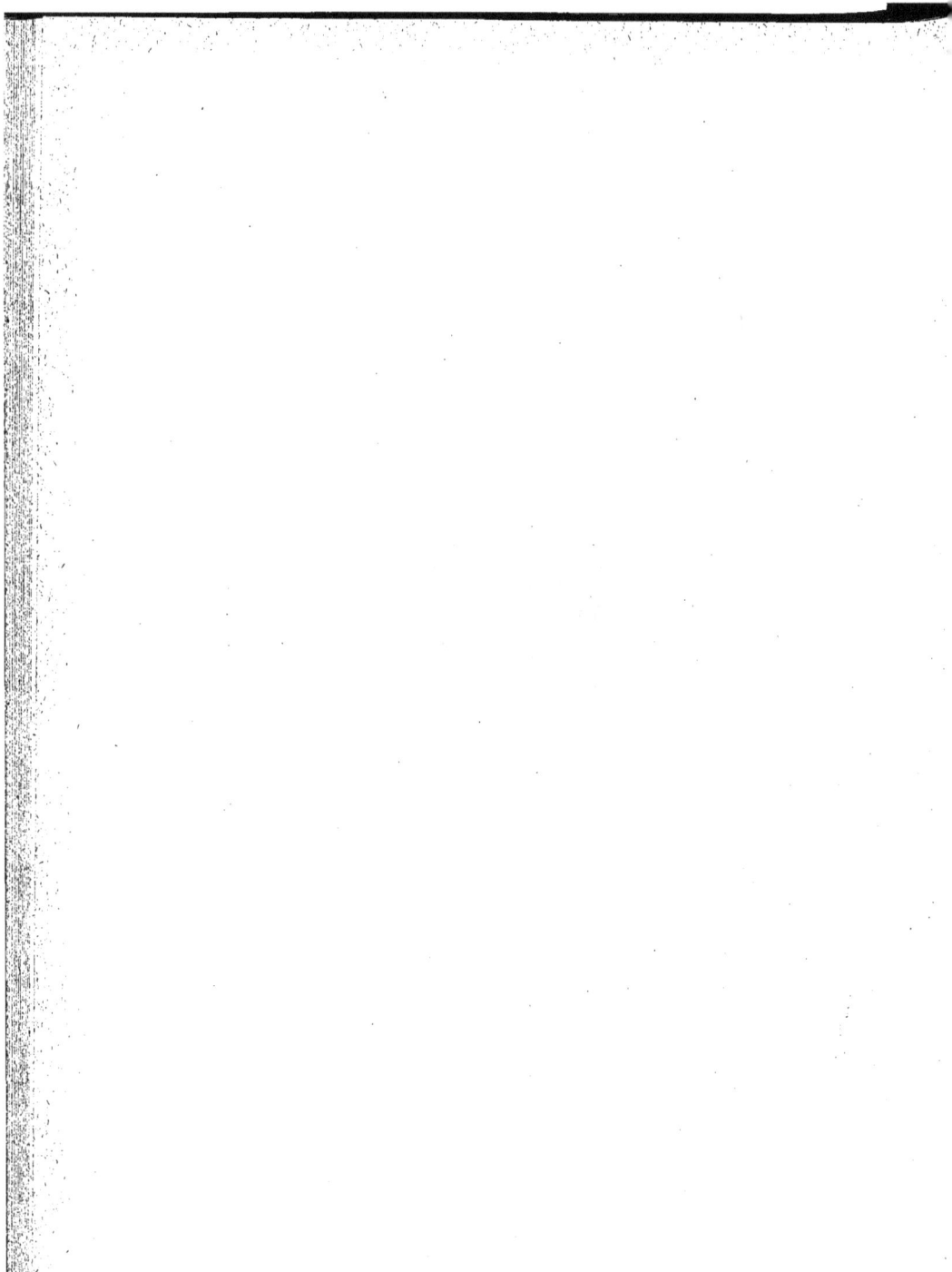

la peur l'empêchera de réfléchir que la cage est solide et qu'il n'y a rien à craindre, quitte à revenir saluer le saltimbanque, un peu parce qu'il n'a pas été dévoré, et beaucoup parce qu'elle est soulagée des angoisses de la frayeur.

Les spectacles publics doivent avoir pour objet de récréer l'esprit et les yeux, d'élever le cœur, de fortifier la pensée, de moraliser la jeunesse; mais ceux-là ne peuvent que développer les instincts de brutalité chez les enfants généralement cruels de leur nature.

A côté du dompteur qui n'exerce que dans les grands centres, il y a le montreur d'ours opérant dans les villages et dans les bourgs; c'est vraiment pitié que de voir le fauve, sale et pelé, danser et parader en plein vent pour gagner la vie d'un misérable paresseux qui le roue de coups et lui fait sentir son autorité au moyen d'une chaîne fixée au nez par un anneau.

On ne s'explique pas la tolérance dont jouissent les mendiants et les nomades dont la corporation fournit cependant un fort contingent à la criminalité, d'autant plus que ces chenapans sont des étrangers qui pillent les champs et rançonnent les paysans au nez et à la barbe des autorités.

Du dompteur au toréador la distance est courte, bien qu'il convienne de reconnaître chez ce dernier une certaine crânerie qui pourrait l'absoudre quelque peu, si c'était possible.

On doit constater que les combats d'animaux tendent à disparaître en France, et il est permis d'espérer qu'il n'en sera bientôt plus question; tous les jeux sanglants, que ce soient des hommes ou des animaux qui en soient les acteurs, sont indignes de peuples civilisés, ne serait-ce que parce qu'ils sont susceptibles de provoquer des manifestations scandaleuses, d'autant plus répugnantes que dans beaucoup de cas la vie humaine est en cause; n'a-t-on pas vu des toréadors se faire éventrer pour donner satisfaction au public qui les sifflait sous prétexte qu'un taureau mettait trop de temps à mourir!

Notez que je ne m'apitoie nullement sur les malheurs du toréador, oh! non, certes, ce n'est qu'une variété de tueur doublé d'un pitre sanguinaire et cupide, je constate un fait, voilà tout.

D'ailleurs, quoi que puissent alléguer les fanatiques dans le nord comme dans le midi, les combats de coqs et de taureaux ne sont réclamés que
par une minorité turbulente, mais non par le
grand public, celui qui se respecte; supprimez-les
radicalement par une loi et l'on n'en parlera plus
un mois après.

A moins que vous ne teniez à votre popularité
dans le joli monde des filles de joie et des gom-
meux, vous devez agir résolument malgré l'opposition des députés et journalistes des régions
atteintes par la loi.

En admettant même que la passion pour ces
sortes de réjouissances soit aussi enracinée qu'on
le prétend dans un but électoral et politique
probablement, il faut réagir plus promptement
encore contre des coutumes barbares d'un autre
âge, n'ayant pas même pour excuse le développe-
ment du courage et le mépris de la mort; l'attitude réservée d'un grand nombre de matamores
méridionaux l'a bien prouvé en 1870; Tartarin a
toujours existé.

L'engouement d'un certain public pour les

combats de taureaux prouve que l'homme et la femme même naissent avec des instincts cruels qu'une éducation virile et morale à la fois doit effacer dès la première enfance.

La vue du sang ne peut qu'engendrer et entretenir un scepticisme dangereux chez les esprits faibles et mal pondérés; les exécutions capitales offrent également un attrait irrésistible pour un grand nombre d'individus inférieurs, mais il est démontré qu'elles ont une influence pernicieuse sur la foule, sans lui fournir l'enseignement que le législateur attendait de leur publicité.

Dans une de ses chroniques, Aurélien Scholl a écrit un jour à propos des combats de taureaux : On dit que les courses de taureaux sont un magnifique spectacle, je ne le nie pas; un bel incendie c'est aussi un spectacle des plus empoignants : ces tourbillons de flammes, ces spirales de fumée qui s'élancent vers le ciel, ces effondrements soudains d'où jaillissent des gerbes de feu, ces pompiers qu'on aperçoit courant sur le haut des murailles crépitantes, les cris de détresse de gens affolés, quoi de plus saisissant, de plus beau, de plus grand ? Eh bien, « les incendies sont interdits sur tout le territoire français ».

Un argument de cette justesse devrait, à lui seul, enlever un vote d'interdiction absolue.

Quoi de plus hideux que la vue de ce taureau (toro colante) tout ruisselant du sang qui s'échappe de vingt plaies béantes, creusées par des harpons en fer souvent enflammés, dont l'hameçon mesure 5 ou 6 centimètres de longueur, fièrement campé, la tête haute, l'œil en feu, et portant au bout des cornes le cadavre pantelant du dernier cheval éventré !

Et l'agonie de ces huit ou dix chevaux dont on recoud la peau afin de maintenir les entrailles, et que l'on pousse ensuite sur le taureau à grands coups de bâton, à moins qu'on ne les jette dans la rue en pâture aux affamés qui les dépècent encore vivants !

Qu'en dites-vous, névrosés des deux sexes ?

Depuis les temps les plus reculés, les peuples en décadence se sont repus de spectacles sanglants, telle fut Rome agonisante, et telle est aujourd'hui l'Espagne que l'Europe oubliera peut-être bientôt ;

21

Français, mes amis, défiez-vous de la Goulue, de Grille d'Égout, de la politique! de Frascuelo et du Pouly, sinon vous reculerez le jour de la revanche.

Rappelez-vous que l'on ne s'est jamais tant amusé en France que pendant les dernières années de l'Empire; quelqu'un appela cette période « le siècle de Thérésa », et ce fut une véritable formule.

Mais hélas, Sedan, l'Invasion et l'Année terrible paraissent n'avoir été qu'une solution de continuité de dix-huit mois à deux ans, car vous êtes aussi légers, aussi cabotins et hâbleurs qu'il y a dix-sept ans : quelques pèlerinages annuels à la statue de Strasbourg, une revue des bataillons scolaires par les Marats du Conseil municipal, un hymne au général Boulanger suffisent pour réchauffer votre patriotisme.

Amusez-vous, même beaucoup, rien de mieux, mais amusez-vous sainement, que diable!

Vous vous flattez, souvent à juste titre, de marcher à l'avant-garde des peuples civilisés, et vous ne pouvez vous dispensez de copier vos voisins dans ce qu'ils ont de moins bon; aussi

escomptent-ils votre amour pour tout ce qui est
cosmopolite : ils vous exploitent impudemment et
vous raillent ensuite, ils écoulent chez vous
tout ce qui a cessé de plaire chez eux, et le rebut
de leur civilisation bâtarde s'épanouit effrontément
dans votre beau et généreux pays au grand détriment de son génie national.

LETTRE X

EPUIS que le monde existe les hommes n'ont pu se soustraire à la double nécessité de tuer leurs semblables pour défendre l'intégrité de leur territoire et les animaux pour se nourrir de leur chair, et, quoi qu'en disent les apôtres apeurés de la fraternité des peuples et les végétariens exotiques, la guerre, la chasse et l'occision du bétail seront éternellement des solutions inéluctables à peu près

impossibles à conjurer, mais que l'on devra chercher à rendre moins cruelles et moins barbares.

Ainsi, la guerre n'a déjà plus en Europe le
caractère sauvage qu'elle avait il y a seulement
quarante ou cinquante ans, bien que la lutte soit
plus meurtrière; les nations se sont décidées à
étudier et à appliquer les moyens d'en atténuer
l'horreur en diminuant les souffrances des blessés.

Eh bien, pourquoi ne pas procéder de même
envers les animaux dont vous vous nourrissez,
d'autant plus que les tortures qui précèdent habi-
tuellement leur mort sont inutiles et dangereuses;
mais, allez donc prêcher le progrès et la compassion à la plupart des tueurs et des bouviers!

On persiste à tuer les bœufs à coups de masse,
dite anglaise; un coup entre les cornes au sommet
de la tête fait tomber l'animal à genoux, et un,
deux ou trois autres coups sur le front l'abattent
sur le flanc, puis l'aide enfonce un jonc qui va
atteindre la moelle épinière et déterminer enfin la
mort : tout cela a duré deux minutes au moins.

Ce procédé long et primitif n'est à peu près
pratique que si le tueur est habile et à jeun, ce

qui n'est pas toujours le cas, mais il prolonge l'agonie de plusieurs minutes et c'est trop.

Il existe pourtant un masque à peu près infaillible, armé d'un grand clou horizontal qu'il suffit d'enfoncer en frappant un seul coup, droit et d'aplomb; et ce masque a l'avantage de cacher les yeux du bœuf avant son entrée dans la tuerie, ce qui éviterait bien des accidents; mais les tueurs trouvent que c'est ennuyeux à ajuster.

On a parlé aussi de l'électricité, mais la question n'a été que posée, bien qu'elle mérite d'être étudiée.

Et ces veaux et ces moutons que l'on n'égorge qu'à moitié et que l'on « écorche vivants » afin d'aller plus vite, n'est-ce pas de la cruauté voulue, à moins que ce soit de l'abrutissement malsain.

Chez les marchands et les particuliers vous voyez les femmes et les domestiques prolonger sottement l'agonie des animaux comestibles, sans paraître se douter que tout être vivant est sensible à la souffrance.

L'industriel qui plume des volailles vivantes n'a-t-il donc pas conscience de sa cruauté? et ce

doux pêcheur ankylosé qui embroche longitudi-
nalement, au moyen d'une aiguille, le goujon
vivant afin d'attirer le brochet, se dit bon et incapable de faire du mal à une mouche.

Bien que l'on ne cloue plus que rarement les
oies par les pattes sur des planches, les procédés
encore en usage pour atteindre la perfection
recherchée des gourmets constituent des cruautés
aussi révoltantes que superflues, et il en est de
même pour le chaponnage.

Chez les israélites l'occision du bétail a quelque chose de plus horrible encore que l'abatage,
c'est un raffinement barbare qui démontre toute la
beauté du fanatisme religieux avec son cortège de
momeries hypocrites et ineptes.

On couche l'animal sur le dos, deux hommes
lui maintiennent la tête relevée, et le sacrifi-
cateur (?) lui coupe le cou juste assez pour qu'il
saigne et pas suffisamment pour qu'il meure, de
sorte que l'agonie dure jusqu'à complet écoulement du sang.

Une fois l'animal suspendu et ouvert le sacrifi-
cateur examine si le mou tient aux côtés ou s'il

n'existe pas quelque corps étranger dans la panse, une épingle par exemple; dans l'affirmative il refuse livraison de la viande.

Cette façon de « sacrifier » est tellement odieuse que souvent les tueurs voisins, un peu plus humains, donnent le coup de grâce à l'animal afin d'abréger sa souffrance.

Peu de personnes ont eu l'occasion de pénétrer dans un clos d'équarrissage, d'autant plus que ce dernier asile des vieux chevaux n'a rien de bien attrayant, et que le propriétaire en interdit rigousement l'entrée parce qu'il est toujours en contravention avec les règlements de police et de salubrité.

Rien de navrant comme le spectacle de ces malheureuses bêtes décharnées, pelées, couvertes de plaies hideuses, ne se tenant que sur trois jambes et exposées pendant plusieurs jours à toutes les intempéries des saisons sans boire ni manger; mais personne ne s'en préoccupe, et la loi ne permet pas l'accès de ces enclos qu'elle considère comme domicile privé.

Vous ignorez aussi que les équarrisseurs

louent ou vendent à des gravatiers de la banlieue
et à certains déménageurs les chevaux qui sont
encore capables de marcher, et dont on prolonge
l'activité à coups de bâton, jusqu'à ce qu'ils tombent pour la dernière fois.

En Angleterre le législateur n'a pas dédaigné
d'édicter des peines sévères contre ce genre de
trafic; la loi anglaise prescrit la coupe de tous les
crins de l'animal à son entrée dans l'établissement
afin qu'il soit reconnaissable si on voulait l'utiliser,
ainsi que l'obligation de lui fournir en quantité
suffisante l'eau et les aliments salubres jusqu'à sa
mort, sous peine d'une amende de 5 livres (125 fr.)
pour chaque délit; le fait de faire sortir et travailler un cheval condamné est puni d'une amende
de 40 shellings pour chaque jour d'absence :
même pénalité pour celui qui aura employé ledit
animal.

Croyez-moi, mesdames, ne vous aventurez
jamais sur les domaines de l'équarrisseur, vous
seriez d'abord signalées par les aboiements furi-
bonds des molosses de garde, et puis reconduites
grossièrement par des gars à faces patibulaires, à

LA DERNIÈRE ÉTAPE

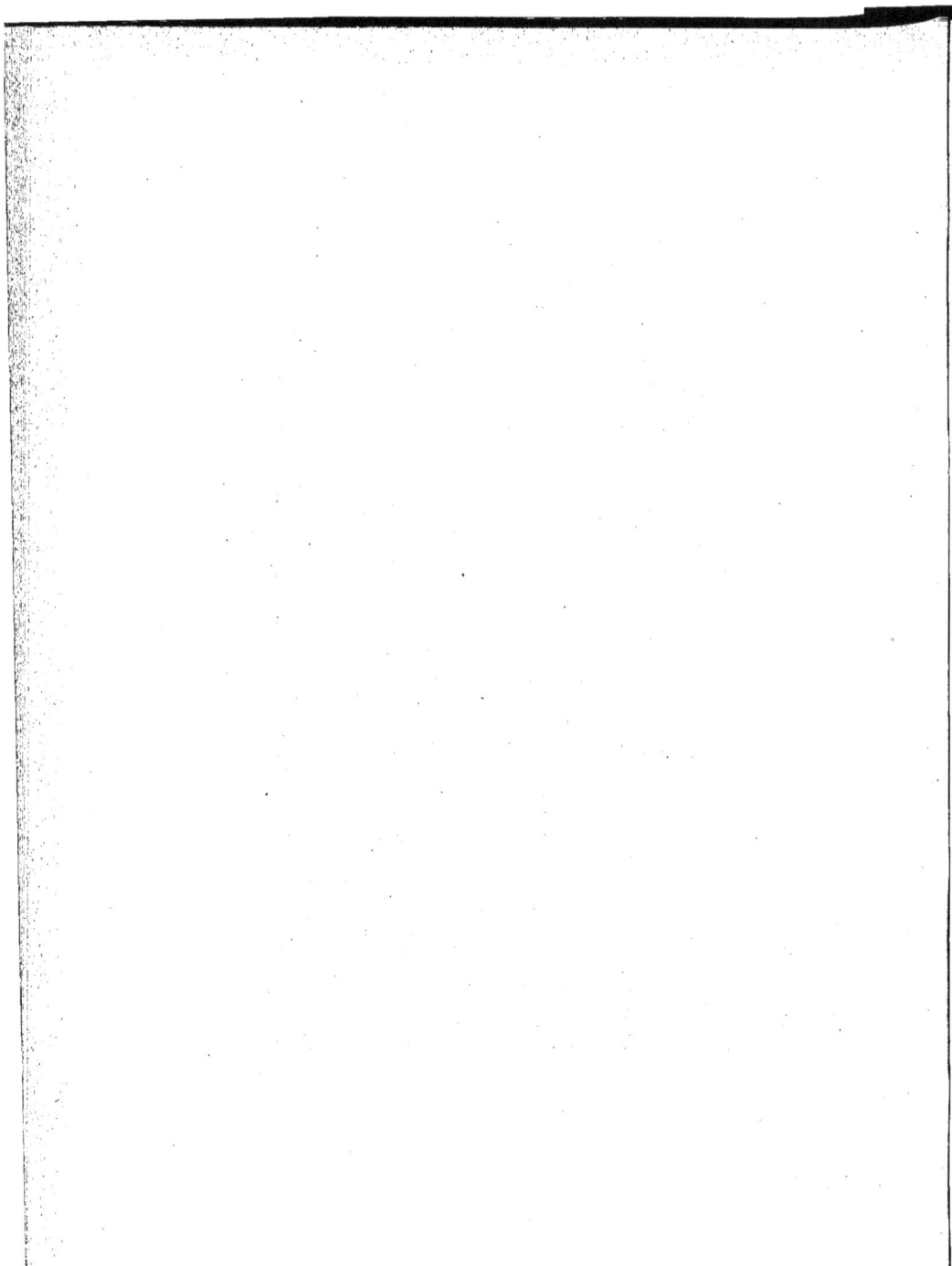

moitié nus, couverts de sang et armés de solides
coutelas; l'impression sinistre et douloureuse que
vous causerait ce tableau serait longue à dissiper,
je vous l'assure.

Pourquoi une Société protectrice des animaux
n'achèterait-elle pas sur les marchés les chevaux
usés et blessés qu'elle retirerait ainsi de la circulation pour les envoyer dans un établissement à
elle appartenant; ceux qui ne pourraient être
guéris seraient abattus « sans délai », et l'on em-
ploierait les autres à des travaux agricoles en rapport avec leur santé.

Les fourrières à Toulon et à Marseille, entre
autres villes, sont le théâtre d'actes de barbarie
abominables, et comme toujours absolument inutiles : on y pend les chiens et les chats en ligne à
des ficelles mal graissées, et on les assomme à
coups de maillet sur la tête, un peu au hasard,
de sorte qu'ils ont parfois la mâchoire fracassée et
les yeux écrasés avant qu'un dernier coup mieux
dirigé ne les achève définitivement; et l'on trouve
des individus disposés à accomplir cette horrible
besogne!

Cependant il existe un moyen plus expéditif et moins cruel que cela, c'est la chambre d'asphyxie par le protoxyde d'azote : les animaux y entrent sans défiance, ce qui leur épargne l'appréhension de la mort, et une fois la porte refermée ils s'endorment sans cris ni souffrances.

Croyez-vous que de tels procédés fassent honneur à votre civilisation, messieurs les humanitaires?

Eh! pardieu, on admet très bien la nécessité de supprimer les animaux abandonnés et infirmes, mais au moins atténuez les tortures morales et physiques des victimes, surtout quand il s'agit d'un animal intelligent et aimant l'homme, tel que le chien que la nature a doté d'instincts merveilleux et de qualités exquises.

Au nombre des plaisirs réservés aux oisifs du grand monde figure le tir aux pigeons, toléré sans doute parce que l'autorité l'assimile complaisamment au droit de chasse, tandis que ce n'est en réalité qu'un jeu aussi cruel que le tir à l'oie; mais il est convenu qu'en France les lois et les règlements se sont de tous temps laissé violer par les

LA CHASSE

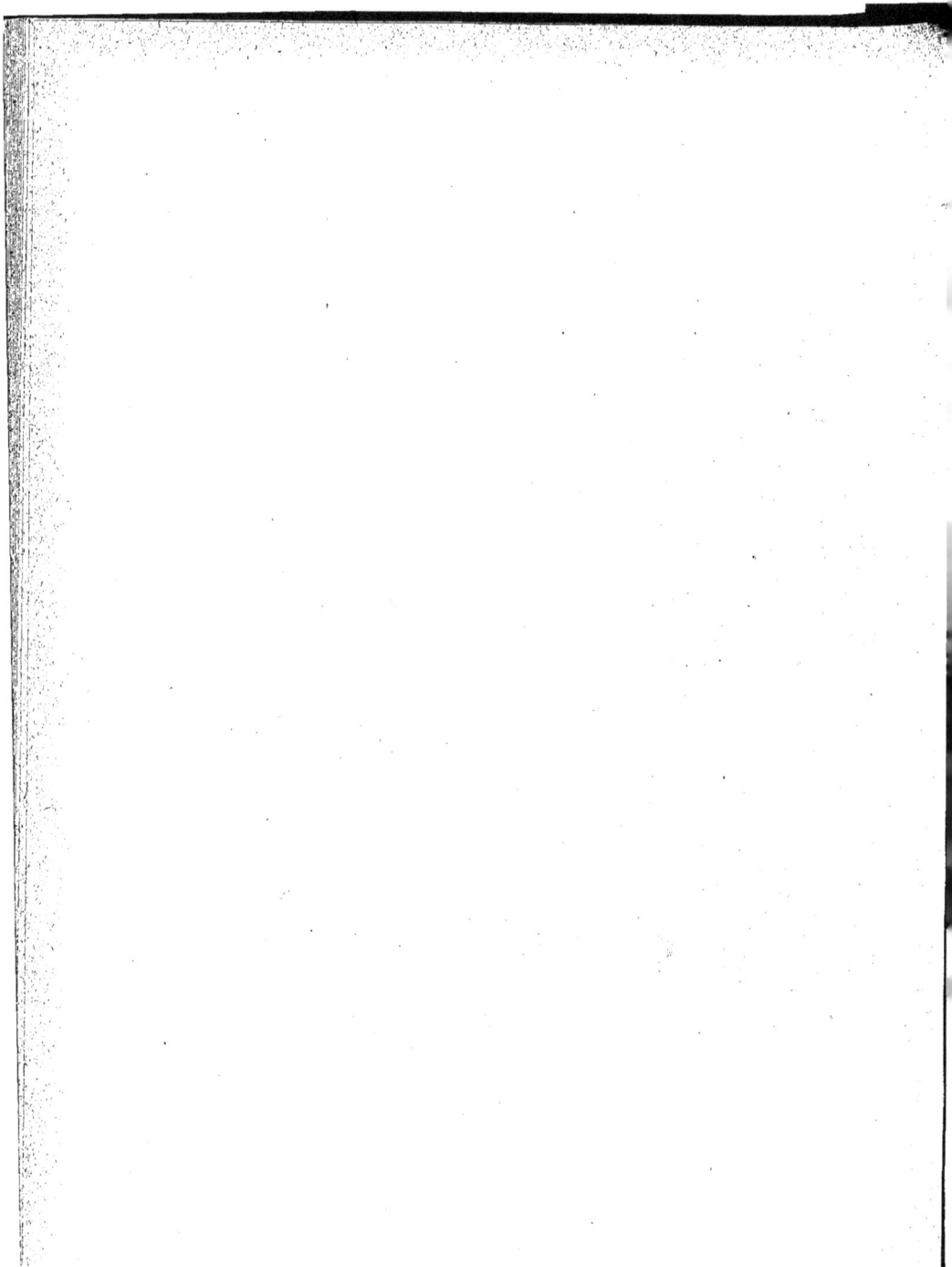

puissants, les riches et les scélérats ; aussi est-il à craindre que le tir aux pigeons ne soit autorisé longtemps encore, jusqu'au jour du moins où il sera remplacé par quelque nouveau genre de sport.

Pauvres petits pigeons, dont le souvenir ne devrait pourtant pas être effacé depuis la guerre fatale, durant laquelle vous fûtes le seul lien qui rattachât Paris à la France, quelle ingratitude ! mais le Français oublie vite.

La chasse est une nécessité souvent cruelle dans la pratique, mais c'est une nécessité, sous peine de voir le sol et les récoltes envahis par les animaux destructeurs ou dangereux ; la forêt et la plaine deviennent à certaines époques de vrais champs de bataille, où nous marchons bravement à l'ennemi, un peu comme le soldat que grisent l'odeur de la poudre et le bruit des fanfares ; à nous les périls mais à d'autres le profit et l'honneur.

Quand ils ont manqué une pièce de gibier, quelques chasseurs, et des plus crânes, ont la cruauté de tirer froidement le second coup sur leur chien ; c'est une lâcheté.

Et ces brutes ont le cynisme de s'en vanter !

Il est permis néanmoins de souhaiter à la majorité des chasseurs (?) l'expérience, l'adresse et
surtout le sang-froid qui assurent la justesse des
coups. Et l'on n'aurait plus à enregistrer les
nombreux accidents qui, chaque année, signalent
les parties de chasse auxquelles on a l'imprudence de convier des collégiens et des jeunes
gens que l'odeur de la poudre frelatée rend à
peu près fous.

Ah! il est dangereux pour les cultivateurs de se
hasarder dans les vignes et les taillis un jour d'ou-
verture, car le gaillard qui étrenne un complet
rougirait de rentrer bredouille, aussi tire-t-il sur
tout ce qui remue, au grand ahurissement des
chiens qui ne sont plus maîtres de lui.

Ne perdez jamais de vue, messieurs les hommes, que les animaux en général ont l'intuition du
danger et le sentiment de la mort, et que s'ils
n'exhalent aucune plainte, ils n'en éprouvent pas
moins de poignantes angoisses.

C'est pourquoi toute personne chargée de tuer
un animal quelconque, bœuf ou poulet, devrait
s'attacher à simplifier les apprêts de l'occision, et

n'employer que les moyens les plus propres à assurer une mort rapide, sinon foudroyante.

Certainement, l'homme mourant traverse parfois une agonie atroce, mais la moindre lueur d'espérance et les lois de la nature vous défendent de l'abréger d'une seconde, tandis que vous n'avez pas les mêmes scrupules à l'égard des animaux condamnés.

LETTRE XI

ertains animaux domestiques, tels
que le cheval, le mulet, l'âne et
le bœuf ont été de tous temps
les auxiliaires indispensables de
l'homme dans ses travaux agricoles,
industriels et guerriers ; ils ont acquis au contact
de l'homme une grande souplesse de caractère qui
a fait disparaître leurs instincts sauvages, et les a

rendus dociles à la parole et souvent affectueux même.

Les animaux domestiques, à peu d'exceptions près, naissent bons et inoffensifs, et ce sont les mauvais traitements et l'inexpérience de l'homme qui modifient leur naturel, et encore supportent-ils les brutalités avec un stoïcisme inconnu de vous.

Si les animaux malmenés et battus usaient de représailles envers leurs bourreaux, la corporation des cochers, charretiers, maquignons, bouviers et palefreniers diminuerait à vue d'œil.

L'attitude de ces individus est d'autant plus blâmable, qu'il est avéré que les animaux bien dirigés et soignés avec discernement acquièrent une plus-value notable, et travaillent mieux et plus longtemps que les autres.

Et cependant, lorsque par hasard un cheval las d'être frappé et surmené éventre un homme qui n'est peut-être pas le coupable, il est vrai, on s'empresse de le déclarer féroce et indomptable, sans reconnaître loyalement que ce sont les sévices antérieurs qui l'ont déterminé à se venger; ce qui

devrait au contraire étonner, c'est qu'il y ait si peu
d'hommes victimes de leur brutalité, étant donné
le grand nombre d'animaux maltraités.

Quand vous signalez cette brutalité, on vous
répond qu'il y a des chevaux peu commodes; d'accord, mais il ne faut pas confondre les coups appliqués avec acharnement avec les corrections légères
motivées par l'entêtement de l'animal ou par des
écarts ; elles ne doivent jamais dégénérer en
sévices, ce qui arrive malheureusement presque
toujours : est-il donc si terrible et si rétif ce
colosse qui se laisse conduire par un enfant de
cinq ans ?

Je l'ai dit précédemment, le charretier en
général est dominé par deux vices horribles, la
paresse et l'ivrognerie; alors qu'attendre de cet
être dont l'intelligence déjà très faible est tota-
lement obscurcie par la boisson ?

Ainsi des gendarmes ou agents en tournée de
nuit ont maintes fois mis en fourrière des tombereaux et des fiacres abandonnés sur la route
avec leurs attelages.

La conduite des animaux de trait et de mon-

ture exige une attention soutenue, une surveillance active et une étude patiente du caractère de
chacun d'eux; la santé de l'animal, son harnais,
ses besoins, la tenue du véhicule doivent préoccuper sans cesse un bon conducteur; il doit cal-
culer la charge d'après la vigueur de son attelage
et la nature du terrain à parcourir, la maintenir en
équilibre constant lorsque la voiture n'a que deux
roues, la porter en avant dans les montées et en
arrière dans les descentes, en ayant soin de des-
serrer la sous-ventrière; pour les voitures à quatre
roues la charge portera principalement sur le
train de derrière afin de permettre à l'avant-train
de se mouvoir aisément.

En dépit des arrêtés de police, tous les charretiers de gros charrois se servent de fouets à
« fléau » qui ne sont que des instruments de
torture, et ne donnent pas d'aussi bons résultats
qu'un fouet monté en cravache, lequel stimule sans
blesser; il ne faut pas perdre de vue que le fouet
n'a d'autre objet que d'activer l'allure du cheval
indolent dans les passages difficiles ou de le corriger « sans colère » quand il a fauté, et l'on ne

doit jamais l'employer sur un attelage en action, surtout aux parties sensibles telles que le fourreau et les muscles extenseurs des jambes, sous peine de l'arrêter court par suite de la douleur qu'il pro-voque.

La plupart des charretiers ont aussi la sotte habitude de fouetter sur les genoux, au risque de faire tomber l'animal.

Étant enfants, vous n'avez pas été sans recevoir des coups de fouets sur la figure et les mains en jouant « au cheval », vous pouvez donc vous rendre compte du mal cuisant que doit faire aux animaux cet énorme fouet dont la force est décu-plée par l'élasticité d'un manche flexible, d'autant plus que le cheval a la peau très mince.

C'est pitoyable de voir la façon brutale et inepte dont conduisent « presque tous » les cochers de fiacre, les paysans, les commis et cer-tains particuliers, et les femmes sont encore plus maladroites et plus féroces que les hommes ; quand ils se trompent, ils cognent, c'est inva-riable.

Le cocher sait rarement du premier coup où il

va, il se lance en fouettant son cheval; qu'il faille reculer ou avancer, il fouette toujours, plus il court, plus il frappe, ou bien il lui « sonne à la bouche » sans interruption une journée entière, même pour l'empêcher de reculer, sans avoir compris que l'animal ne recule que pour se soustraire à la douleur.

Comment voulez-vous que l'animal se rende compte de ce qu'on exige de lui, puisque le conducteur n'en sait rien lui-même? et cet idiot, cet abruti s'étonnera de ce que son cheval le craigne et l'évite ou n'obéisse pas instantanément!

Le mauvais charretier prend plaisir à martyriser la bouche des chevaux lorsqu'il est contrarié, parce qu'il peut alléguer que c'est nécessaire pour changer de direction, et puis il est persuadé que la loi ne punit que les mauvais traitements exercés avec le manche du fouet ou avec le pied, ce qui est une erreur.

Les trois quarts des conducteurs se figurent aller plus vite en galopant au hasard, dussent-ils s'arrêter à chaque instant, tandis que le cocher habile ne marche qu'à l'allure ordinaire en ayant

soin de régler sa course sur les encombrements
qu'il rencontrera indubitablement, de telle sorte
qu'il ne perd jamais de temps et arrive toujours
plus rapidement.

On prétend quelquefois que les voies sont
insuffisantes pour la libre circulation des voitures,
c'est inexact, car ce sont les cochers qui ne savent
pas conduire.

Il est surprenant que dans une ville aussi popu-
leuse que Paris la conduite d'une voiture puisse
être confiée au premier venu, gamin de quinze ans,
rustaud fraîchement débarqué ou ivrogne endormi;
il s'agit pourtant d'une question de sécurité publique, comme le démontrent les nombreux accidents journaliers; pourquoi ne pas exiger de toute
personne conduisant une voiture un certificat de
capacité délivré après examen sérieux par une
commission nommée par le Préfet de police : piétons et animaux y gagneraient.

Regardez démarrer un harnais à mener la
pierre, c'est-à-dire le véhicule le plus difficile à
manœuvrer; le charretier capable met ses chevaux
en ligne un peu obliquement, sans bruit, il se

recule et fait un premier commandement avec son fouet pour mettre tout l'attelage « dans le collier », puis un second de la voix pour partir (hue ahue), autrement les chevaux se rebuteraient faute d'ensemble et casseraient peut-être les traits de « cheville ».

Le cheval de gros trait est de race boulonaise ou poitevine et est affecté au transport des matériaux pesants, la pierre, le moellon, le fer, le pavé, etc.; il doit être de haute taille, large du corsage, le limonier principalement, et sa force de traction réside dans son « poids naturel » qui augmente son adhérence au sol; je dis poids naturel parce qu'il n'y a pas bien longtemps encore les charretiers prétendaient que plus le collier était lourd, plus l'animal avait de force pour tirer, ce qui, au contraire, le fatiguait inutilement, puisque la vigueur des jambes n'était toujours qu'en proportion du corps.

On entend par « trait léger » les voitures de commerce et les voitures publiques.

A la campagne et à Paris même, quelques patrons ont conservé l'usage des peaux de mouton

aux colliers sous prétexte de les orner; ces peaux
ne servent à rien et coûtent fort cher, 50 francs
environ; en hiver la pluie qui les imbibe en accroît
le poids et en été elles entretiennent une moiteur
malsaine sous le collier.

L'emploi des œillères tend à disparaître peu à
peu depuis que la Compagnie des omnibus y a
renoncé; l'œillère n'est pratique que pour les chevaux ombrageux, mais elle nuit à la bonne direction de l'attelage qu'elle empêche de voir le conducteur, et par suite, de comprendre son geste et
son commandement.

Les harnais devraient être l'objet de la plus
grande surveillance, car un cheval bien garni se
blesse rarement et se meut sans gêne ni douleur :
un harnais bien établi ne doit porter ni sur le
garrot ni sur l'épine dorsale, sinon il les entame
rapidement; mais nombre de petits entrepreneurs
les font servir à tous les chevaux indistinctement,
sans tenir compte de la taille et de la conforma-
tion, de plus ces harnais, les colliers notamment,
sont en mauvais état et blessent cruellement les
animaux aux épaules et sur le dos.

Un collier, trop petit étrangle et congestionne : trop grand, il porte sur l'encolure et descend sur les bras, de sorte que la traction paralyse les mouvements de l'animal; le palonnier comme point d'attache des traits a l'avantage d'éviter le va et vient du collier, en assurant la mobilité de ces traits : la bride et sa monture ont une importance capitale puisqu'elles maintiennent le mors, c'est-à-dire le point d'appui de la direction; ce mors portera sur les barres mais jamais sur les dents.

La sellette destinée à supporter la dossière sur laquelle portent les brancards ne sera jamais ajustée trop près du garrot, car elle gênerait les mouvements des épaules; les panneaux seront larges et bien rembourrés sans être durs.

La sous-ventrière sera très large afin de ne pas couper le ventre lorsque la voiture charge « léger »; on veillera à ce que les attelles et la monture du collier soient assez développées pour maintenir les traits et les brancards éloignés du corps de l'animal.

Enfin, le propriétaire intelligent se préoccupera de la ferrure de sa cavalerie et prendra la

LE LIMONIER

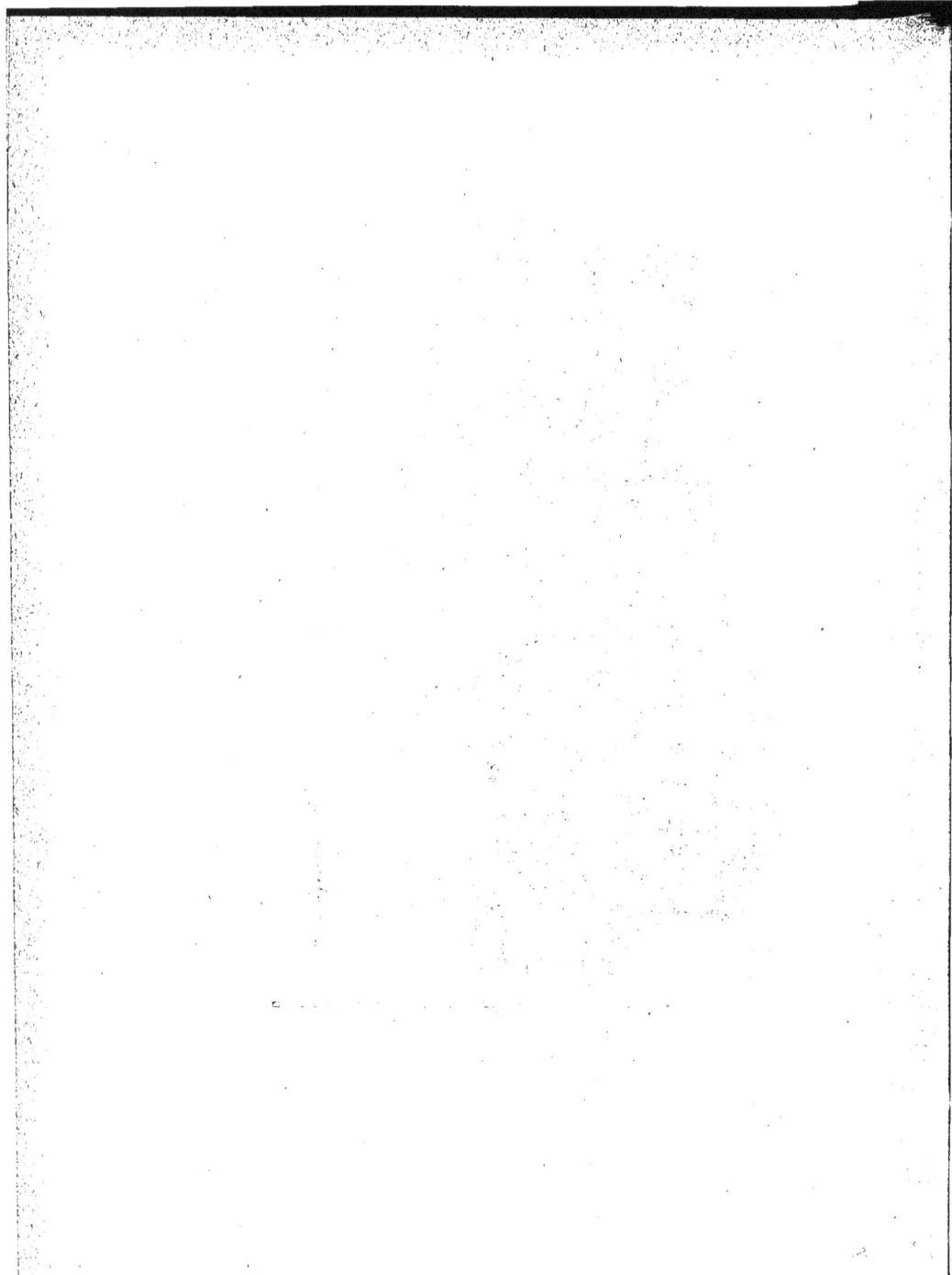

peine de consulter le vétérinaire sans laisser le
choix des fers à la discrétion d'un maréchal ignorant ou de ses ouvriers encore moins habiles, si
possible; la question mérite qu'on s'y arrête, et une
seule erreur peut entraîner la perte d'un cheval,
car les maladies du sabot sont d'autant plus difficiles à guérir, que les pieds supportant tout le
poids du corps participent à tous les mouvements
des autres membres : l'habitude qu'ont les maré-
chaux de brûler profondément la corne du sabot
présente de graves inconvénients et peut occasionner des accidents très sérieux si l'on attaque
la sole.

Le cheval de limons, dit « limonier », est le
plus intéressant de tous les animaux de gros trait,
il a bien plus de mal et de responsabilité que les
autres, aussi le charretier prévoyant doit-il s'en
occuper avec sollicitude, surtout dans les grands
attelages où la charge est proportionnée au nombre
de chevaux attelés; il supporte l'équipage et main-
tient les brancards, ce qui n'est pas une sinécure
sur les terrains mal pavés ou accidentés, le va-et-
vient continuel produit par les chaos est excessi-

vement pénible, douloureux même, aussi le limonier s'use-t-il très vite.

Songez qu'un limonier de harnais à deux roues
chargé de 12,000 kilogrammes de pierre à tailler,
plus 3,500 kilogrammes pour le véhicule, ce qu'on
nomme la tare, avec une plus-value du tiers au
moins dans les rampes, est obligé de retenir une
charge de 20,000 kilogrammes tout en marchant!

Au moindre faux pas il sera broyé si le charretier a été assez paresseux pour ne pas atteler les
autres chevaux « en retrait » afin de retenir le
harnais.

La jambe de force devrait être obligatoire pour
les voitures à deux roues destinées aux charrois.

La majorité des charretiers, une fois hors de
Paris, montent sur le cheval de cheville ou sur le
devant, et comme ce cheval ne tire plus que mol-
lement, ils contraignent le limonier à travailler
seul.

Notons en passant qu'une voiture attelée de
deux chevaux ne traînera pas un poids aussi élevé
que deux voitures à un cheval; cela tient à ce que
dans le premier cas le limonier étant bien plus

chargé il lui est impossible de tirer aussi franchement.

Beaucoup de personnes bien intentionnées
s'occupent de protection sans connaître le premier
mot du métier, car c'est effectivement un métier
qui exige certaines aptitudes, de l'énergie et une
grande expérience; elles me sauront peut-être gré
de consigner dans cette lettre quelques renseigne-
ments techniques dont elles pourront faire leur
profit, si toutefois les premiers essais ne les ont
pas rebutées.

La façon d'aborder un cocher ou un charretier
décide très souvent de l'accueil qu'il fera à l'intervenant; pas de colère et d'emportement, sinon
vous perdez vos avantages; soyez assez maître de
vous pour saisir au premier coup d'œil le côté
délictueux de l'acte qui motivera votre intervention, de façon à en imposer à votre interlocuteur, et ne parlez que de ce que vous savez,
c'est pourquoi un peu d'érudition n'est pas à
dédaigner.

Ainsi, par exemple, n'allez jamais désigner
un cocher de fiacre par son numéro en disant :

2 284, il haussera les épaules et vous traitera de crétin, dites « le 22-84 »; ne montrez pas du doigt à un charretier tel ou tel cheval de son attelage qui sera blessé, mais appelez-le par son nom technique par rapport aux autres, et servez-vous du terme anatomique usité dans la médecine vétérinaire et l'hippologie.

Si vous remarquez que le limonier est étranglé par la « sous-ventre », faites observer que la voiture charge « léger »; lorsqu'il s'agit par exemple de faire pivoter la roue gauche pour tourner à « dia », on cale cette roue, la roue « de la main », du côté où se tient le charretier pendant la marche, côté que l'on nomme aussi « côté montoir », c'est-à-dire où l'on monte en selle; quand un cheval tire de toutes ses forces, on dit qu'il tire à « plein collier », sinon il est « maufranc ».

Des chevaux attelés l'un devant l'autre sont « en file », deux chevaux côte à côte ou avec un autre devant sont « en flèche »; celui de devant s'appelle cheval de flèche ou « de volée », et, des deux chevaux du timon, celui de gauche est le « porteur », c'est-à-dire celui sur lequel monte le

postillon en daumont, l'autre se nomme le « sous-
verge »; trois chevaux de front constituent l'attelage à « la romaine » dans lequel le limonier est
très malheureux.

Les chariots à mener la pierre, les tonnes
d'huile, etc., sont en général traînés par cinq ou
six chevaux en file, le limonier, le cheville, le sus-
cheville, le sous-devant et le devant; le sixième
attelé avec un palonnier à la droite du cheval de
cheville, c'est le « galérien » : souvent il est blessé,
malade ou très vieux et il ne tire que dans les
montées; d'ailleurs sa tenue donne une idée du
restant de l'attelage et c'est sur lui que doit porter
l'attention du protecteur.

Les voitures servant au transport des matériaux sont à deux ou à quatre roues; la voiture
à deux roues est plus pratique, roule mieux en
raison du grand diamètre des roues et circule plus
commodément, mais elle épuise rapidement les
limoniers et charge moins lourd que le chariot à
quatre roues dont le tirage est plus pénible, il
est vrai, et qui a l'inconvénient de « déraper »,
c'est-à-dire que le train de derrière glisse sur les

côtés vers les ruisseaux et n'obéit plus à l'avant-
train.

Il y a encore le diable à roues géantes affecté
au transport des arbres, des sapines et des ma-
driers; le fardier à deux roues basses pour la pierre
taillée ou sculptée, le haquet pour les vins, la
charrette et le tombereau pour la terre, le moellon,
les gravats, le wagon pour les meubles, etc., et
enfin le camion à quatre roues très commode à
charger et à décharger, mais qui est d'une manœuvre et d'une traction très difficiles à cause
du petit diamètre des roues, surtout sur les routes
défoncées ou mal pavées et dans les montées; je
ne parle bien entendu que des véhicules les plus
usités, tous les autres dérivant de ceux énumérés
plus haut.

Les entrepreneurs prévoyants ont soin de faire
voyager plusieurs équipages ensemble afin qu'ils
puissent se « biller » dans les rampes, c'est-à-dire
mettre tous les chevaux de volée sur la même voiture.

Le cheval n'est pas plus exempt que l'homme
des maladies et des infirmités; le travail excessif,

LE HARNAIS A PIERRE
(La rampe)

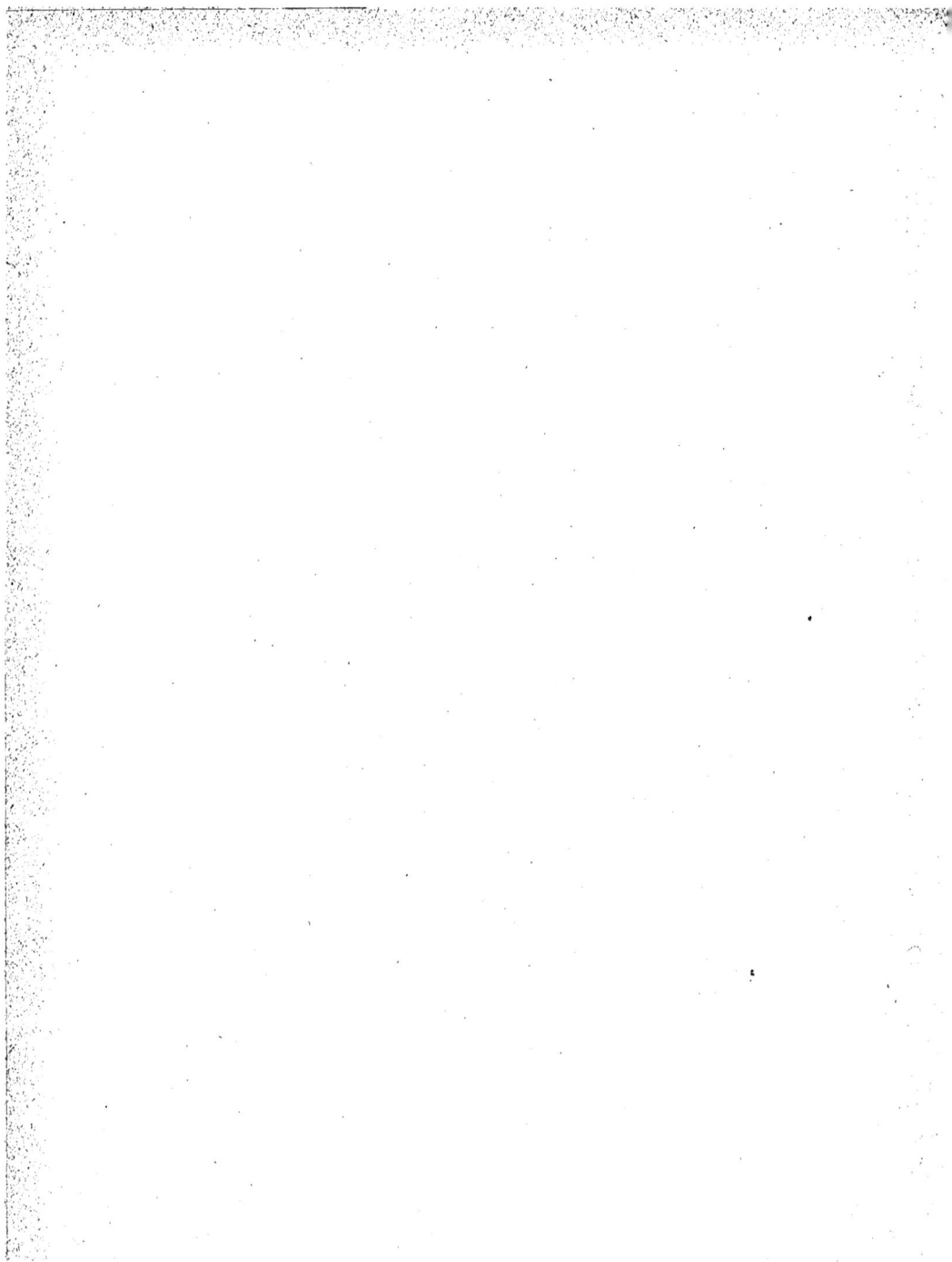

la mauvaise nourriture, les chutes, les blessures, les coups, les transitions brusques du chaud au froid déterminent chez lui des maladies souvent très graves; l'inspection de l'œil, du front, et l'aspect du poil ne permettent pas de s'y tromper, mais les patrons et les charretiers ne s'en aperçoivent que lorsque l'animal tombe vaincu par la fièvre.

Néanmoins certains vétérinaires affirment toujours que les chevaux blessés ou estropiés ne souffrent pas; c'est grotesque et odieux, mais cela s'explique quand on les connaît.

Cependant, les animaux étant affectés des mêmes maladies que l'homme, il est évident que les souffrances doivent être les mêmes; prétendre le contraire, c'est nier l'analogie qui existe entre les deux espèces, et, par suite, proclamer l'inanité de la vivisection.

Dans le gros trait, les parties les plus susceptibles d'être blessées sont les omoplates, le garrot, l'épine dorsale sous la sellette, le ventre, les boulets et la couronne du pied; les chevaux un peu lourds pour tirer au trot ont souvent la partie

26

interne du boulet entamée par le frottement du fer opposé.

Enfin les deux tiers des chevaux de trait sont surchargés et peu ou mal nourris et insufisamment abreuvés.

Le cheval, à l'encontre des socialistes les plus remuants, est courageux au travail, et lorsqu'il refuse de marcher, à moins que ce ne soit par caprice momentané, ce que ne doit pas ignorer le conducteur, on peut être sûr qu'il est malade ou exténué.

Au point de vue de la traction le pavé offre de grands avantages, mais il fatigue et use plus promptement la cavalerie que le macadam, surtout au trot; le meilleur système serait l'emploi combiné du pavé et du macadam dont le charretier profiterait en tenant compte du poids de la voiture, de la température et de l'état des chemins; le pavage en bois n'est pratique qu'à la condition d'être arrosé et caillouté sans cesse, sinon il est aussi dangereux que l'asphalte, qui est une aberration.

A Paris, un bon cheval de trait est hors de service en quatre ou cinq ans.

Le travail excessif et la surcharge sans avoir le caractère apparent de la cruauté sont peut-être les délits les plus graves commis à l'égard des bêtes de trait, par cela même qu'ils sont les plus fréquents et les plus difficiles à établir et par conséquent les moins réprimés.

Le travail exagéré amène l'usure prématurée avec son cortège d'infirmités et la surcharge est la cause la plus ordinaire des mauvais traitements; elle est d'autant plus usitée que les charrois se traitant à forfait, les entrepreneurs de transports croient avoir intérêt à opérer promptement avec le moins de matériel possible.

Cette question de la surcharge a donné lieu à bien des controverses, car il est impossible de fixer un poids maximum de charge, attendu qu'il faut compter avec le poids de celle-ci, celui du cheval, son âge, la nature du véhicule, l'état des routes et la température, en réfléchissant que ce qui n'est pas surcharge au premier voyage le deviendra au septième ou huitième tour lorsque l'animal sera fatigué; par exemple 2,000 kilogrammes sur un tombereau seront plus faciles à traîner que 1,200 kilogrammes sur un camion.

Cependant les vétérinaires compétents et les hippologues fixent à 2,000 kilogrammes, sur un bon terrain bien entendu, la charge maxima d'un fort cheval en bonne santé, en y comprenant comme de juste le poids du véhicule, ce que négligent volontairement les entrepreneurs de charrois.

On peut affirmer, en thèse générale, qu'il y a surcharge lorsque l'animal tirant à plein collier est obligé, pour avancer, d'arc-bouter les pieds de derrière sur les « pinces » sans pouvoir les poser à plat.

Boulevard Malesherbes un charretier avait la prétention de faire gravir la rampe à un cheval attelé à un haquet chargé de onze pièces de vin et représentant un poids total de 4,000 kilogrammes.

Un chariot à cinq chevaux accomplissait l'autre soir son quatrième voyage de la journée, du quai de la Loire au pont Bineau avec 13,000 kilog. de pierre, plus la tare, 4,000 kilog., soit 17,000 kilog.; aurait-il été possible à cet équipage de monter la moindre côte? et cependant le charretier, qui lui ne se préoccupe que d'arriver, aurait frappé à tours de bras et aux bons endroits.

J'ai connu un limonier qui pendant plusieurs mois parcourut 18 lieues par jour, à charge aller et retour.

Quand vous parlez de surcharge, on vous répond bêtement que puisque l'animal tire, même très péniblement, il n'est pas surchargé; c'est de la logique de Basile, car le mauvais traitement est évident, puisque l'on impose à l'animal un labeur qui excède ses forces, lui cause une fatigue et des souffrances parfaitement inutiles et lui vaut des coups et des sévices cruels.

Certains patrons font travailler leurs chevaux des sept ou huit mois sans un seul jour de repos.

L'on entend bien souvent des personnes fort sensées discuter l'opportunité de la protection, en faisant observer que les propriétaires et patrons ont tout intérêt à ce que leur cavalerie soit en bon état, ne serait-ce qu'au point de vue pécuniaire.

Malgré sa justesse apparente l'objection pèche par la base, et voici pourquoi : l'exploitation du cheval et des autres animaux n'est malheureusement pour ceux-ci qu'une spéculation financière ou une question de lucre honteux, et donne « toujours » de beaux bénéfices; les grandes compagnies ou entreprises sont aux mains de boursiers repus et d'agioteurs qui n'ont en vue que le gain facile, et se soucient fort peu des hommes et des bêtes qu'ils exploitent sans autre préoccupation que les jetons de présence et les gros dividendes; les entrepreneurs aisés ont l'orgueil de ne pas attacher d'importance à la perte d'un cheval de 12 à 1,500 francs, d'autant plus qu'en ajoutant les sommes gagnées à celle qu'il touchera en revendant l'animal, il est certain d'obtenir une plus-value; enfin, le tâcheron, le « louageur » besoigneux qui n'emploie que des chevaux d'équarrissage, se moque d'un procès de 15 ou 20 francs en cas de contravention, parce que le cheval qu'il a acheté 30 ou 35 francs lui ayant rapporté 150 à 200 francs de travail pendant les quelques jours qui précèdent sa mort, il lui reste un joli bénéfice, en admettant qu'il soit inquiété, ce qui est rare.

Je pourrais citer de gros, très gros entrepreneurs de transports, terrasse ou déménagements,

qui se sont enrichis en faisant travailler des chevaux de 30 francs que les charretiers, leurs pareils,
faisaient marcher à coups de trique, sans abri ni
nourriture.

On peut donc taxer de fantaisie et d'insanité
une loi qui n'édicte pas contre un délit une sanc-
tion pénale supérieure en importance à l'avantage
que le délinquant peut attendre de la violation de
cette loi.

Je le répète, en dehors des sociétés par actions,
les patrons, entrepreneurs de transports, de terrasse, de déménagements et de démolitions sont à
peu d'exceptions près d'anciens charretiers ou
déménageurs dont les mœurs brutales ne se modifient jamais, bien au contraire, car une fois à leur
compte ils cherchent à gagner beaucoup d'argent
et vivent toujours dans le même milieu.

Il faut n'avoir jamais regardé le travail pénible
des chevaux de trait, par exemple, pour oser
discuter la légitimité de la protection envers des
animaux bons et laborieux, que les patrons insou-
ciants livrent sans pitié aux instincts pervers des
cochers et des charretiers.

Oui, les bons patrons font les bons charretiers, de même que les bons conducteurs font les bons chevaux, aussi la protection doit-elle déclarer une guerre implacable aux propriétaires des animaux ruinés et hors de service dont l'exploitation éhontée prolonge l'agonie.

à Monsieur Moynier
Rocquemond 1887

LETTRE XII

OMBRE de gens, les intéressés les
premiers, affirment étourdiment
qu'il faut avoir conduit des chevaux pour être capable de juger
un conducteur ou de constater
une blessure; elles ne réfléchissent pas que si la
conduite des animaux, telle qu'elle est exercée la
plupart du temps bien entendu, était chose difficile, les cochers et charretiers seraient introuvables;

causez avec un d'eux, vous aurez une idée de son intelligence, et vous comprendrez que ce n'est pas elle qui fait le bon charretier, mais bien les bons sentiments et le naturel honnête.

Et puis, croyez-vous qu'il soit indispensable d'être académicien pour apprécier l'œuvre de Dumas ou de Cabanel? Non certes, bourgeois sceptique, ouvrier phraseur et ignare, car on vous entend souvent critiquer le gouvernement ou le général un tel, vous qui êtes quelquefois inapte à diriger votre ménage, et ne connaissez de la guerre que les bastions de Paris et les parties de bouchon qui permirent à beaucoup d'attendre héroïquement l'armistice.

A vos yeux les médecins sont des imbéciles et les savants et les artistes des fainéants; vous seuls avez la science infuse, mais pour le mal contre le bien.

On n'a pas besoin d'avoir étudié l'art vétérinaire ou d'avoir mené des chevaux toute sa vie pour être à même de voir une blessure ou de dénoncer une surcharge.

De longues et patientes observations, la lecture d'ouvrages spéciaux, la fréquentation de gens du métier et un certain bon sens sont suffisants pour constater un délit ou rappeler un charretier à ses devoirs professionnels; d'ailleurs les vrais hommes de cheval, écuyers ou piqueurs, sont les plus sévères et les plus intraitables dans la répression.

Le conducteur maladroit et brutal, l'un ne va pas sans l'autre, est doué d'une sorte de jésuitisme qui lui permet de mentir effrontément et de solliciter la pitié du public quand il est pincé; il cherche toujours à déplacer la question avec un art merveilleux, il parle avec onction de sa probité et du pain de ses enfants, lui qui gaspille sottement son salaire à leur détriment, ou quelquefois il simule le désespoir et veut se jeter sous la roue, c'est très pathétique et les badauds ne manquent jamais de s'attendrir; s'il se trouve en détresse avec son équipage par suite de mauvaise direction et d'incurie, il vous dit avec aplomb : V'là le fouet, démarrez ?

Parbleu, il y a peut-être un quart d'heure qu'il rebute ses chevaux à force de coups et d'efforts stériles dont ils ont parfaitement conscience, eux animaux; mais il ne conviendra jamais qu'il a commis une faute.

En cas d'accident on prête main-forte au charretier pour lui et non pour le cheval victime de sa maladresse; et si vous voulez réprimander ou punir l'auteur de l'accident, vous êtes blâmé et conspué, et l'on plaint le charretier.

Toutes les fois que vous apostropherez un charretier qui frappera brutalement un cheval, vous pouvez être sûr qu'il vous déclarera que l'animal a déjà mangé trois hommes, ce qui n'est qu'une gasconnade comme vous pouvez le penser; en admettant même que ce cheval soit devenu méchant, le charretier n'avouera pas qu'il a été battu cruellement.

Aussi en matière de répression tourne-t-on sans cesse dans le même cercle vicieux, dont le charretier ne sortira jamais parce qu'il persistera à prétendre qu'il doit être brutal afin de réduire la bête; c'est d'autant plus absurde qu'il appartient à l'homme de ramener l'animal à la douceur par de bons procédés; mais ce serait faire preuve d'une supériorité évidente, ce dont il est incapable.

Ce qui prouve que le mauvais charretier est méchant, c'est que son premier mouvement en cas d'intervention est de se précipiter sur l'intervenant pour le frapper.

La difficulté de préciser les sévices à cause de la rapidité avec laquelle le fait a eu lieu, l'opposition des faux témoins et l'hésitation du magistrat tiennent à ce que la victime ne peut fournir au débat le témoignage accusateur qui enlève un verdict dans les contestations entre hommes.

Vous attendez peut-être, mes maîtres, que les animaux aient la parole pour exprimer leurs doléances? Heureusement qu'il existe des gens de bien qui travaillent à répandre et à développer les sentiments de justice et de compassion dont chaque être vivant doit avoir une part proportionnée aux services qu'il rend et à ses qualités morales, mais hélas, chiens et chevaux auront longtemps encore bien des ennemis aux aguets, la vivisection, le charretier méchant, le fiacre et les sots.

On dit souvent : pourquoi tourmenter et punir

des individus à causes d'actes dont la gravité
n'apparaît pas immédiatement; le raisonnement
est spécieux et demande à être réfuté, car l'intervention et la répression qui en résulte parfois ont
pour but de combattre les mauvais instincts en
général, et d'enrayer des penchants funestes dont
on retrouve la trace dans la vie courante.

Le chien, qui est le mieux doué de tous les
animaux domestiques, a la faculté d'exprimer sa
pensée et sa douleur et se fait comprendre des
gens intelligents; son regard éloquent, ses cris et
ses aboiements variés, qui atteignent quelquefois la
puissance de la parole, traduisent parfaitement ses
impressions; tandis que le cheval ne sait guère
que hennir quand il est joyeux et bien portant,
autrement la douleur, les privations et la fatigue
effacent rapidement l'éclat de la prunelle, il
n'exhale aucune plainte et agonise stupidement
sans provoquer la pitié des égoïstes et des ignorants.

Les animaux à défaut d'une intelligence supérieure ont le sentiment de la justice et se révoltent
lorsqu'elle est méconnue à leur égard, ils obéis-

L'ÉLÉPHANT

sent presque tous à la voix de l'homme dont ils
recherchent la société; l'âne même, ce paria honni
et maltraité, est affectueux et caressant.

Rien n'est plus pernicieux pour la santé et le
caractère d'un animal que les changements de propriétaires et de conducteurs; qu'un de ces derniers
soit méchant, et le cheval le plus docile deviendra
fatalement ombrageux et rétif.

L'homme devrait considérer les bêtes comme
de grands enfants, auxquels ils ressemblent par la
naïveté et l'étourderie, et encore naissent-elles
avec des aptitudes et des notions de la vie pratique
que l'enfant et l'homme lui-même n'acquièrent
qu'avec l'éducation.

Il convient certes d'être sévère mais toujours
équitable envers elles et non pas de les brutaliser,
sinon vous n'obtiendrez que résistance et ressen-
timents, sans profit pour leur éducation, absolument comme avec les enfants; songez au nombre
d'années, à la dose de patience qui sont nécessaires
pour apprendre l'alphabet à beaucoup d'écoliers,
qui peut-être un jour seront intolérants et durs
avec les animaux.

28

A de rares exceptions près, imputables à des poseurs, à de vieilles filles disqualifiées ou à de vieilles gardes en retraite, la répression ne frappe que les mauvais charretiers, et même en cas d'erreur, par suite d'un mouvement d'indignation, l'accueil que recevra l'intervenant le fixera sur le compte de son interlocuteur, et dans ce cas il n'insistera pas.

Cependant, il se trouve toujours parmi les curieux deux ou trois imbéciles, ronds de cuir pédants et solennels, renégats de la mercerie après fortune faite, désireux de jouer au bourgeois et consacrant leurs facultés intellectuelles à l'instruction de serins hollandais, qui s'empressent d'approuver le cocher et de croire à ses dénégations ; il y a aussi le monsieur savant qui ayant presque inventé le cheval le connaît mieux que personne ; d'ailleurs il déteste les animaux parce qu'il a connu jadis une dame dont la grand'mère avait une nièce qui avait été mordue par un chien enragé, mais que l'on a guérie avec des herbes.

Il rencontre sans peine un partenaire dans la personne de l'ancien cavalier de l'armée, qui ne

comprend le dressage du cheval qu'à grands coups
de fourche, et il serait impossible de donner le
chiffre de tous les individus qui affirment avoir
conduit des chevaux pendant vingt ans, hommes
mûrs ou jeunes gens de vingt-cinq ans, très pré-
coces, il est vrai.

L'amateur a toujours soin de prendre parti
pour le charretier, sachant très bien qu'il n'a rien
à craindre du protecteur, généralement poli et bien
élevé, et il ne rougit pas de témoigner de faits qu'il
ignore, n'étant arrivé qu'au bruit de l'altercation ;
il ne réfléchit pas qu'il envenime les choses en
excitant un ignorant à la révolte et à la déso-
béissance aux lois.

Il n'y a guère que les protecteurs convaincus
qui surveillent les cochers et charretiers dans la
rue, car le passant ne s'en soucie aucunement ; eh
bien, en cas d'intervention on trouve toujours
contre soi douze ou quinze témoins d'un fait qui
s'est passé cinq minutes auparavant, et ce sont les
plus acharnés ; c'est qu'en France on hait instinctivement tout ce qui représente la loi et la répression et cela au nom de la « liberté ».

Le charretier est la terreur du public qui lui abandonne très humblement le haut du pavé, et cette condescendance coupable accroît sa fatuité au point de le rendre indiscipliné et dangereux; cet effacement voulu des gens bien élevés ressemble beaucoup à la peur, qu'en dites-vous?

Bien étrange aussi ce charretier insolent qui, après avoir épuisé le vocabulaire des insultes ayant cours, vous dit sans sourciller : Tâchez d'être poli avec moi, je suis poli, moi, bougre de... canaille; car il faut être régence et peser ses paroles avec cet intransigeant qui a la bouche pleine d'injures et de propos orduriers.

Il arrive souvent, presque toujours même, qu'un agent requis par un passant exige la présentation d'une carte de membre de la Société protectrice des animaux, comme si l'application d'une loi dépendait du port d'une carte quelconque, alors que tous les citoyens sont égaux; c'est tout bonnement grotesque et contraire au bon sens. Et puis un agent devrait-il attendre qu'on le rappelle à ses devoirs? à quoi sert-il s'il ne se préoccupe pas de faire respecter les lois existantes?

On est convenu d'appeler habileté chez un
conducteur, ce qui n'est souvent que de la témérité et de l'inconscience du danger auquel il expose
le public et son attelage; on s'extasie de confiance
sur les charretiers du gros camionnage, sans
s'apercevoir que ce n'est pas le lourd véhicule qui
est bien dirigé, mais que ce sont les autres voitures
qui se conforment à sa marche, dans la crainte
d'être brisées; reste donc l'entrée au chantier et le
déchargement, c'est l'affaire de quelques voyages
et le cheval de devant connaît sa route, puis le
personnel et le contre-maître du chantier donnent
leur avis et leur coup de main si c'est nécessaire.

Savoir conduire une voiture n'implique pas de
la part du charretier une sérieuse connaissance de
la conduite des chevaux qui la traînent; il connaît
son poids, son roulage, l'espace nécessaire à ses
évolutions, soit, mais la plupart du temps il ignore
les fonctions assignées à chaque cheval de l'attelage, et ne se rend pas bien compte des principes
à observer pour l'utiliser opportunément.

Le plus important dans ce métier, c'est d'avoir

une santé de fer et un estomac capable de supporter plus d'alcool que de nourriture.

Quand on compare le chemin parcouru à celui
qui reste à parcourir afin d'arriver à inculquer les
sentiments de compassion à la masse du public,
on peut, sans être un esprit faible, se laisser
envahir à certaines heures par le découragement,
mais après avoir marché quelques pas dans la rue
un acte de brutalité ranime votre courage et votre
foi et vous rappelle votre devoir; on s'habitue
plus facilement aux injures et aux menaces qu'à la
bêtise humaine.

Les sentiments protecteurs envers les animaux
ont pourtant gagné du terrain depuis un demi-
siècle, aussi ne doit-on pas désespérer du succès,
à la condition toutefois d'être convaincu jusqu'au
fanatisme.

Les discussions sur ce point prennent immédiatement une tournure agressive du fait des
opposants; cela tient à ce que les réfractaires sont
souvent mal élevés et ignorants, et leur colère
même prouve la faiblesse de leurs arguments.

Dans tous les cas, très variés du reste, d'infractions à la loi Grammont, l'intervenant ne doit pas discuter avec le délinquant, sinon la controverse diminuera son autorité et donnera aux « copains » le temps d'arriver.

Réfléchissez bien avant d'intervenir, relevez la plaque, on ne sait pas ce qui peut arriver, soyez très calme et ne cédez jamais à un mouvement de colère très légitime assurément mais aussi très compromettant; soyez en un mot tel que vous seriez devant le tribunal où vous pouvez être appelé, froid, précis, et surtout n'engagez pas une affaire si la solution ne vous paraît pas pratique, car la foule, à l'exemple des loups, profitera du moindre faux pas pour vous dévorer; bornez-vous alors à faire une observation afin de rappeler au charretier que la surveillance ne s'endort point; mais lorsque vous avez « légalement raison » ne vous laissez pas attendrir par l'amabilité et le repentir simulé du contrevenant, ce qui arrive lorsqu'il est seul et sans appui, sinon il vous narguera le lendemain.

Le sang-froid et la correction du langage produisent malgré tout un excellent effet et gênent considérablement les charretiers qui n'attendent qu'un mot malsonnant pour frapper.

En résumé, après plusieurs années d'expérience on doit arriver à enlever une contravention en quelques minutes, c'est le seul moyen de conserver à l'intervention son prestige et son caractère légal.

Je ne saurais trop le répéter, le charretier même féroce n'est pas à redouter quand il est seul, mais la foule est affligeante et parfois dangereuse.

Évidemment il reste encore beaucoup de grands problèmes sociaux à résoudre, à commencer par la protection « pratique » de l'enfance contre les mauvais parents et les patrons sans scrupules, dégagée de la philantropie abstraite, la protection de la femme contre les vices et l'exploitation des hommes, l'amélioration du sort des vrais travailleurs honnêtes et beaucoup d'autres questions importantes; mais ces réformes urgentes nécessitent une mise en œuvre considérable de fonds et d'agents, tandis que la protection des animaux peut être exercée efficacement par des personnes non rétribuées, appartenant à une vaste association dont les membres paient une cotisation et ne réclament que le concours moral et l'appui de l'autorité.

Est-ce notre faute à nous, animaux, si l'on ne s'occupe que de politique et si vos élus bouleversent tout pour découvrir un bon fromage hospitalier?

Vos lois sont surannées et insuffisantes, d'accord, mais alors revisez-les et ne soutenez pas que l'on peut maltraiter les animaux parce que votre civilisation égoïste tolère les cruautés envers les enfants et les aliénés.

Néanmoins on rencontre des publicistes facétieux qui s'écrient périodiquement : il y a une Société protectrice des animaux et il n'y en a pas pour les hommes!

Vous mentez effrontément, bons jésuites laïques, afin de ne pas être obligés de reconnaître que ce ne sont pas les amis des bêtes qui sont en avance, mais bien les humanitaires mielleux et hypocrites qui sont considérablement en retard, et que c'est leur lâcheté qui accroît chaque

jour le martyrologe des enfants tenaillés et brûlés
par d'ignobles marâtres.

Et puis encore un coup, la protection et l'amélioration du sort de l'homme n'ont jamais été
contestées, puisqu'elles constituent l'idéal de
toute société civilisée, et qu'il n'en est pas de
même à notre égard ainsi que le prouvent votre
indifférence et votre opposition.

Par pitié, messieurs, ne vous laissez pas rebu-
ter par les obstacles et les résistances muettes ou
tapageuses, ne perdez jamais l'occasion de développer autour de vous les grands principes de la
protection et ne redoutez pas la discussion cour-
toise, bien au contraire, car l'indifférence est
la pire ennemie du progrès; au moindre résultat acquis vous verrez venir à vous les esprits
indécis qui se rangent toujours du côté du vain-
queur.

En admettant même que l'on reconnaisse l'utilité
de la protection, on ne s'en préoccupe guère
parce que la pratique attire des désagréments, des
injures et souvent davantage, tandis que d'autres
questions dont on fait grand bruit rapportent

LES MOINEAUX

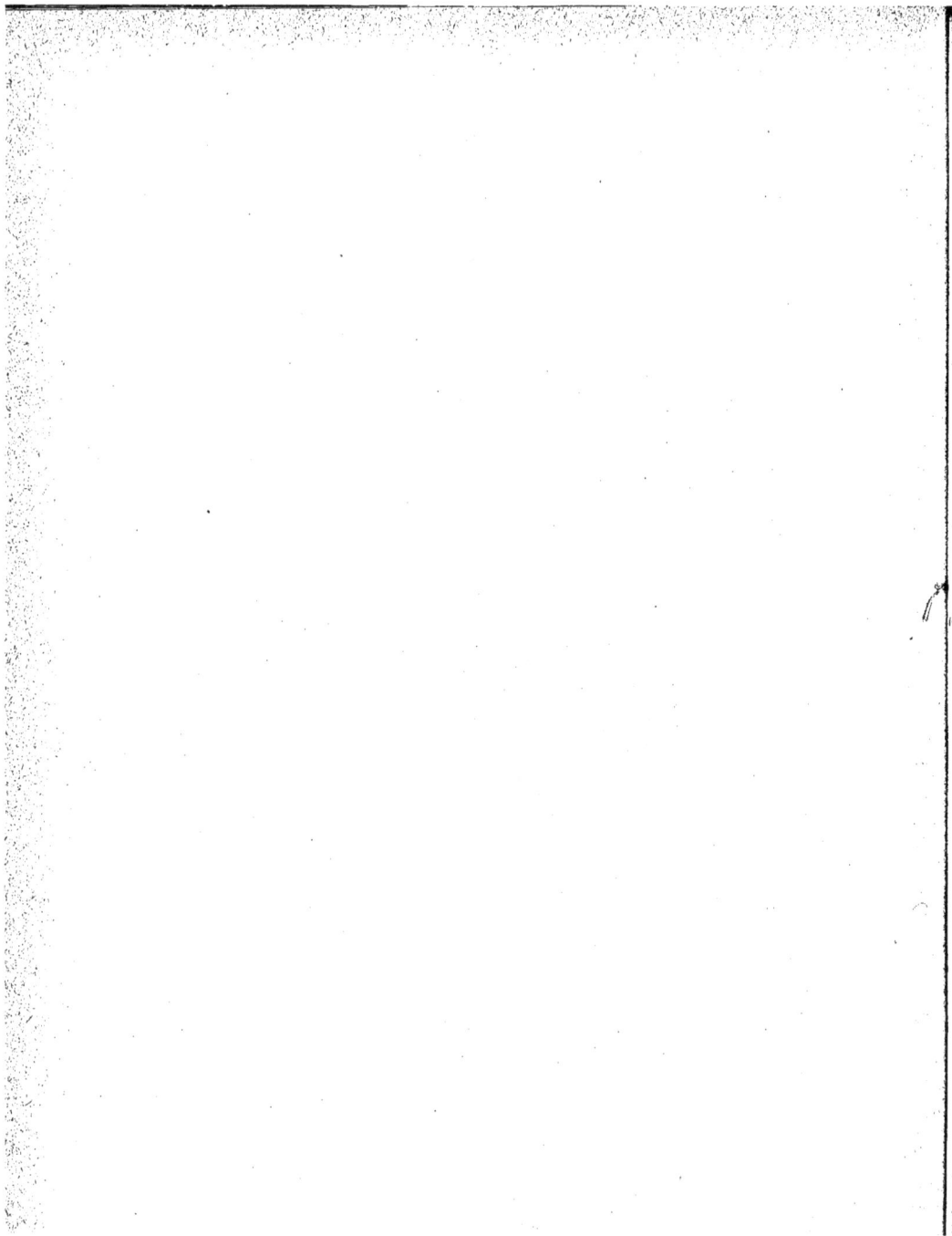

célébrité et honneurs ; c'est plus séduisant, je le confesse volontiers.

La protection des animaux répond à un sentiment si humain, si élevé, qu'elle ne peut tarder à triompher et à conquérir la place qui lui appartient dans un pays comme la France : envisagez l'importance que prendrait une Société composée de plusieurs milliers d'adhérents résolus et actifs, en songeant au prestige qu'a conservé à votre institution une poignée d'hommes, dévoués et vigilants, qui n'ont jamais désespéré du succès final.

Soyez persuadés que vos adversaires militants constituent une sorte de franc-maçonnerie du mal comprenant des entrepreneurs, des petits employés sachant lire, des domestiques, des ouvriers qui ne travaillent jamais, des cochers, des charretiers et les vauriens en quête d'un mauvais coup ou d'une échauffourée, bien que ces diverses couches se haïssent cordialement entre elles.

A cette intéressante série de types on peut ajouter l'enfant qui aime son père (?) ou sa mère, suivant le cas, et qui pleure parce qu'il a « du cœur ». Voici le scenario de la petite comédie crapulo-sentimentale à laquelle les enfants sont dressés par les parents ou propriétaires dans le monde des chiffonniers et des ouvriers « nés sans travail ».

Un de ces irréguliers, souvent un chiffonnier, maltraite un animal, un martyr, cheval, âne ou chien attelé par le cou, passe un monsieur indigné qui se permet de présenter une observation très modérée; immédiatement un de la bande explore les environs; si la rue est déserte, l'homme se tient coi, sinon la femelle le rejoint, tous deux protestent très haut de leur amour pour les bêtes et de leur honorabilité, qui n'est pas en cause, notez le bien, et prétendent qu'on veut leur faire du mal; lorsque le rassemblement des gobeurs est suffisamment compact, la fillette (les filles sont plus rouées que les garçons), la fillette, dis-je, qui a de dix à douze ans, se précipite éplorée dans les bras de son père en poussant des sanglots déchirants, en criant : papa, papa!!!; la foule, bête comme... une foule, donne dans le piège et, suivant le milieu ambiant, le monsieur bien intentionné est blâmé ou menacé de violences.

C'est une variante du fameux « peuple on
égorge nos frères », « mort aux sergots (les
agents) » que profère la canaille la veille des
émeutes; je vous assure que, quelque bien trempé
qu'il soit, ces cris d'hommes et surtout de femmes
révoltés inconsciemment, ces sanglots d'enfants
stylés par des individus qui les exploitent et les
battent, produisent une sinistre impression sur
l'homme qui a observé la populace dans l'expression de ses haines et de ses revendications; il a de
suite l'intuition du danger qu'il court si un de ces
misérables porte la main sur lui, car le reste de la
bande suivrait le mouvement, tandis que les
« honnêtes gens » détaleraient prudemment.

Ne perdez donc pas votre temps à catéchiser
ces « peuple souverain », ne leur parlez pas de
morale, ils vous riraient au nez ou feindraient
d'abonder dans votre sens pour se faire « payer à
boire »; ne cherchez pas à rectifier les mauvais
instincts de l'adulte bête ou pervers, car il est trop
tard; mais attachez-vous à moraliser la jeunesse et
à convertir les sceptiques et les indifférents dont
le cœur est resté bon; procédez doucement et sans

exagération, soyez brefs afin de ne pas devenir ennuyeux : en un mot, prenez le contre-pied de l'ancienne théorie qui n'a pas donné de bons résultats, portez vos efforts et cherchez votre point d'appui du côté des honnêtes gens et vous viendrez sûrement à bout des autres, car vous serez plus nombreux qu'eux.

Dites-leur ceci, entre autres choses : donnez-vous la peine de regarder quelquefois en flânant les tombereaux lourdement chargés d'ordures ménagères, dont le limonier blessé est atrocement cahoté à chaque pas, et les chevaux de fiacre épuisés par seize ou vingt heures de travail sur vingt-quatre, trottant sous la pluie battante, le soleil ardent ou la bise glaciale des nuits d'hiver, mal nourris et battus sans relâche.

En passant à proximité du Marché aux chevaux vous assisterez au lamentable défilé des martyrs du travail destinés à l'équarrissage, et vous reviendrez écœurés par le spectacle de hideurs que vous ne soupçonniez même pas, et alors vous vous rendrez compte de ce qu'ont dû souffrir pendant des années ces pauvres animaux avant d'arriver là.

Petit à petit vous comprendrez l'utilité d'une Société protectrice des animaux et vous vous déciderez peut-être à laisser agir l'homme de bien qui, bravant le danger et le respect humain, osera défendre devant vous un animal battu, blessé ou torturé, jusqu'au moment où, pareils au mouton enragé, vous combattrez le bon combat à ses côtés.

D'ici là on ne réclame de vous que la tolérance que vous accordez aux mauvais drôles, rien de plus.

Vous aurez alors reconnu que la protection n'est après tout que la guerre déclarée à la cupidité, à la brutalité et à l'ivrognerie, trois vices odieux qui ne devraient jamais trouver d'avocats dans votre généreux pays.

Repoussez avec indignation cet éternel argument égoïste et rétrograde au nom duquel des gens honnêtes vous conseillent de « laisser faire », parce que ce n'est pas vous qui changerez quoi que ce soit à ce qui existe; ce serait la négation du progrès, ce serait un blanc seing octroyé à la canaille; ces funestes théories ont maintes fois

30

paralysé l'action de la police et de l'armée char-
gées de faire respecter les lois et qu'on a livrées
en pâture à la démagogie oppressive et insa-
tiable.

N'oubliez pas que celui qui aime les animaux
au point de braver les menaces et les coups a trop
de cœur pour se désintéresser des misères hu-
maines, il aime et secourt tout être qui souffre,
simplement, par amour du bien, et dans l'espoir
d'être utile; cela vaut bien la politique dissolvante
et la philantropie rétribuée.

Quand les socialistes, anarchistes, possibi-
listes et autres sectaires incohérents prétendent
que l'on s'occupe plus des animaux que des malheureux, ils mentent impudemment.

Les plus tapageurs ne demandent en réalité que
le droit de vivre à rien faire, tandis que les animaux que l'on protège travaillent toute leur vie,
vous nourrissent et font la fortune de leurs propriétaires.

Bureaux de bienfaisance, asiles, écoles gra-
tuites, hôpitaux, hospices sont à la disposition de
ceux qui précisément, se drapant dans une fierté

hypocrite, font métier de haïr le capital et la propriété qu'ils convoitent et ne cherchent à obtenir que par des moyens violents; l'honnête ouvrier travaille sans bruit, ne pérore pas et se soumet sans murmurer aux exigences et aux lois de toute société perfectible, il sait bien qu'au bout de six mois d'expérience l'égalité dans la richesse serait détruite par la paresse des uns et l'incapacité des autres, et que ce serait toujours à recommencer.

Vous êtes bien coupables en vérité, philosophes suaves et vous élus du peuple, qui pour entretenir une popularité malsaine ne craignez pas d'éterniser, au risque de les user, des questions de la plus haute importance que de modestes braves gens auraient résolues depuis longtemps.

Et alors les hommes de bonne volonté pourraient hardiment chercher à améliorer notre sort.

Vous avez remplacé l'aristocratie du capital et de l'éducation par l'aristocratie du prolétariat brutal et mal élevé que vous avez grisé avec de belles promesses, sans oser jamais lui dire que si l'égalité lui a donné des droits, elle lui a imposé des devoirs tout aussi sérieux.

Après avoir développé outre mesure ces deux éléments si opposés, le cabaret et l'école, vous n'avez pas craint de dire à des esprits faibles ou incultes qu'ils étaient la force irrésistible, et ils ont confondu, dans leur ignorance, la violence avec la mâle puissance que donnent l'éducation familiale et la pratique du bien, et la licence abjecte avec la liberté fécondante.

Ils ignorent qu'une démocratie ne s'impose et ne s'élève que par le respect des lois et des convenances sociales.

Vous avez détraqué leur petit bon sens par de fausses théories, et lorsqu'en vieillissant un peu vous avez peur des résultats de votre influence néfaste, vous les livrez sans remords au bras séculier, afin de n'être pas balayés vous-mêmes par le flot impétueux que ne peuvent plus arrêter les digues que vous avez brisées de vos propres mains.

Certains animaux sont tellement indispensables, tellement supérieurs à quantité d'hommes,

et si intimement liés à votre organisation sociale,
qu'il est permis au penseur d'entrevoir le jour où,
par suite d'un retour inespéré à la justice et à la
morale, l'humanité embrassant tous les êtres qui
raisonnent, travaillent et souffrent, nous tiendra
compte de nos qualités et de notre dévouement,
et nous placera délibérément au-dessus des fainéants, des lâches et des criminels sans foi ni
patrie.

MÉNIPPE, CHIEN ET PHILOSOPHE,

Sans domicile.

INDEX DES DESSINS

Couverture. . . . . F. Bracquemond.

La protection . . . . Puvis de Chavannes.

Lillah. . . . . J.-L. Gérôme.

Une mosquée. . . . . Benjamin-Constant.

Deux frères d'armes. . . . . Édouard Detaille.

LETTRE I

La vivisection. . . . . A. Brouillet.
Le cheval de labour. . . . . . . Gaston Guignard.
Chien à la boule. . . . . P. Beyle.

LETTRE II

Des chats. . . . . G. Rochegrosse.
Le cheval de guerre. . . . . . . Henry Dupray.
Les ânes de Robinson. . . . . . Edmond Yon.
Un relais . . . . Georges Jeanniot.

LETTRE III

Chiens savants. . . . . Henri Pille.
Passez au large ! . . . . Amand Gautier.
Tristesse. . . . . Th. Ribot.
Des cochons. . . . . E. Dameron.

LETTRE IV

Vache et son veau. . . . . Léon Barillot.
Le chien de berger. . . . . P. Vaison.
Le tramway de banlieue. . . . . . G. Jeanniot.
Lapin. . . . . A. Vollon.

LETTRE V

En famille. . . . . Félix Buhot.
Chien de combat. . . . . Jean-Paul Laurens.
Un hémione. . . . . E. Frémiet.

LETTRE VI

Départ pour le bois. . . . . . . E. Grandjean.
Au secours! . . . . E. Duez.
Lévriers. . . . . F. Roybet.
Le dernier ami. . . . . Euphémie Muraton.

LETTRE VII

Le charretier ivre. . . . . G. Calvès.
Les fiacres. . . . . Félix Buhot.
Le cheval de nuit. . . . .   d°
Le halage. . . . . J. Veyrassat.

LETTRE VIII

Chiens de chasse. . . . . C. Hermann-Léon.
Le seul ami! . . . . Jean Béraud.
Le chien du régiment. . . . . . . G. Jeanniot.
Deux bons amis. . . . . Roger Jourdain.

LETTRE IX

Les vaincus . . . . Brunet-Houard.
Le mulet. . . . . A. Roll.
Combat de taureaux. . . . . . . G. Surand.
Le montreur d'ours. . . . . . . Brunet-Houard.

LETTRE X

Moutons. . . . . Henri Zuber.
La dernière étape. . . . . Charles Frère.
La chasse. . . . . E. Gridel.
Abatage d'un bœuf. . . . . L. Lefèvre-Deslonchamps.

LETTRE XI

Poules. . . . . A. Durst.
Le limonier. . . . . Rosa Bonheur.
Le harnais à pierre. . . . . . . G. Calvès.
Bonsoir ! . . . . F. Bracquemond.

LETTRE XII

Le favori. . . . . Alfred Stevens.
L'éléphant. . . . . H. Gervex.
Les moineaux. . . . . A.-E. Méry.
Agonie d'un cheval. . . . . F. Buhot.

INDEX

Les hirondelles. . . . . G. Clairin.
Ménippe. . . . . L. M***

MÉNIPPE.

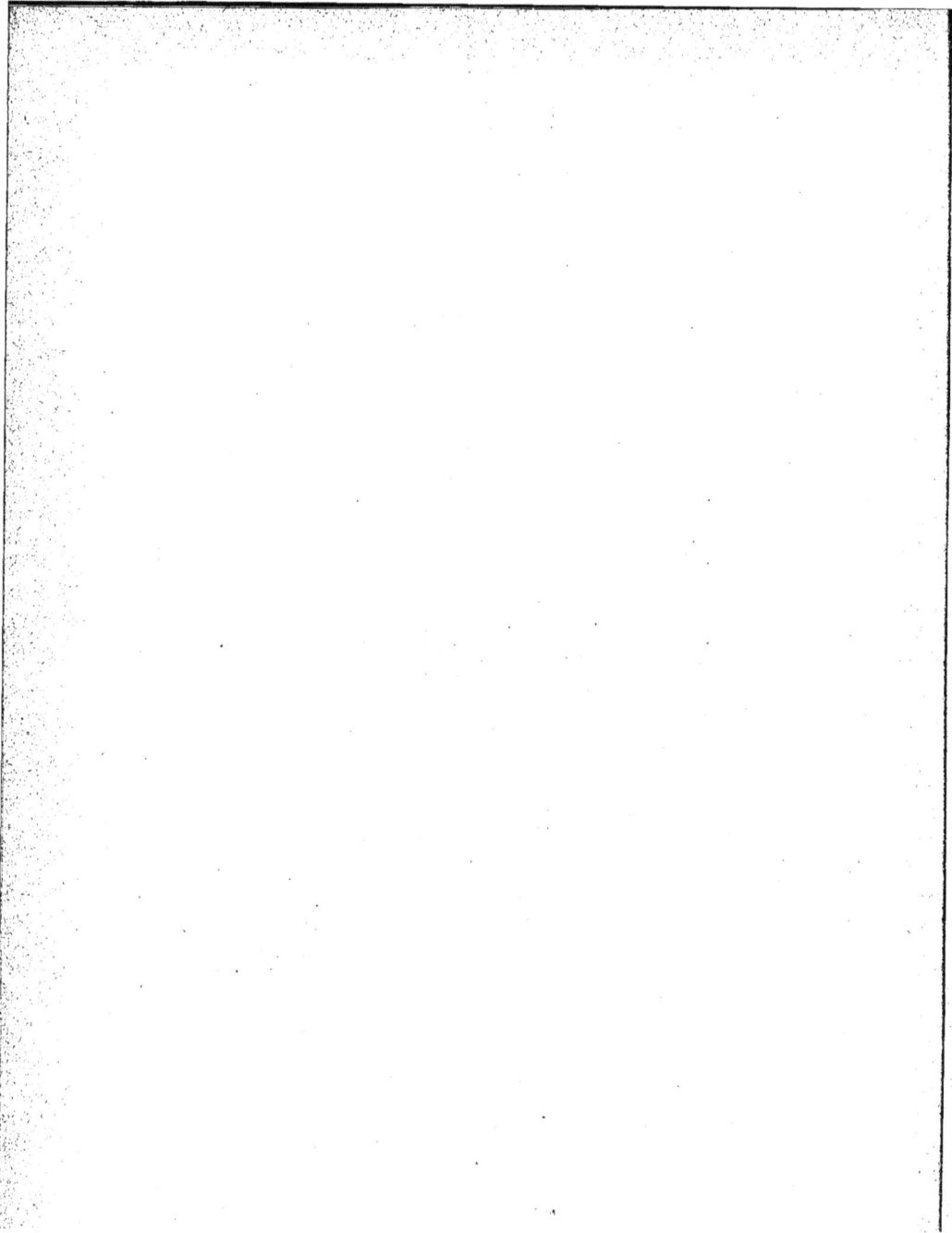

TABLE DES MATIÈRES

	Pages.
Léon Cladel à l'Auteur.	VII
La gloire des bêtes par Jean Richepin.	XIX
Lettre I.	3
Lettre II.	19
Lettre III.	35
Lettre IV.	55
Lettre V.	73
Lettre VI.	85
Lettre VII.	103
Lettre VIII.	129
Lettre IX.	145
Lettre X.	165
Lettre XI.	181
Lettre XII.	209
Index des dessins.	239

FIN DE LA TABLE

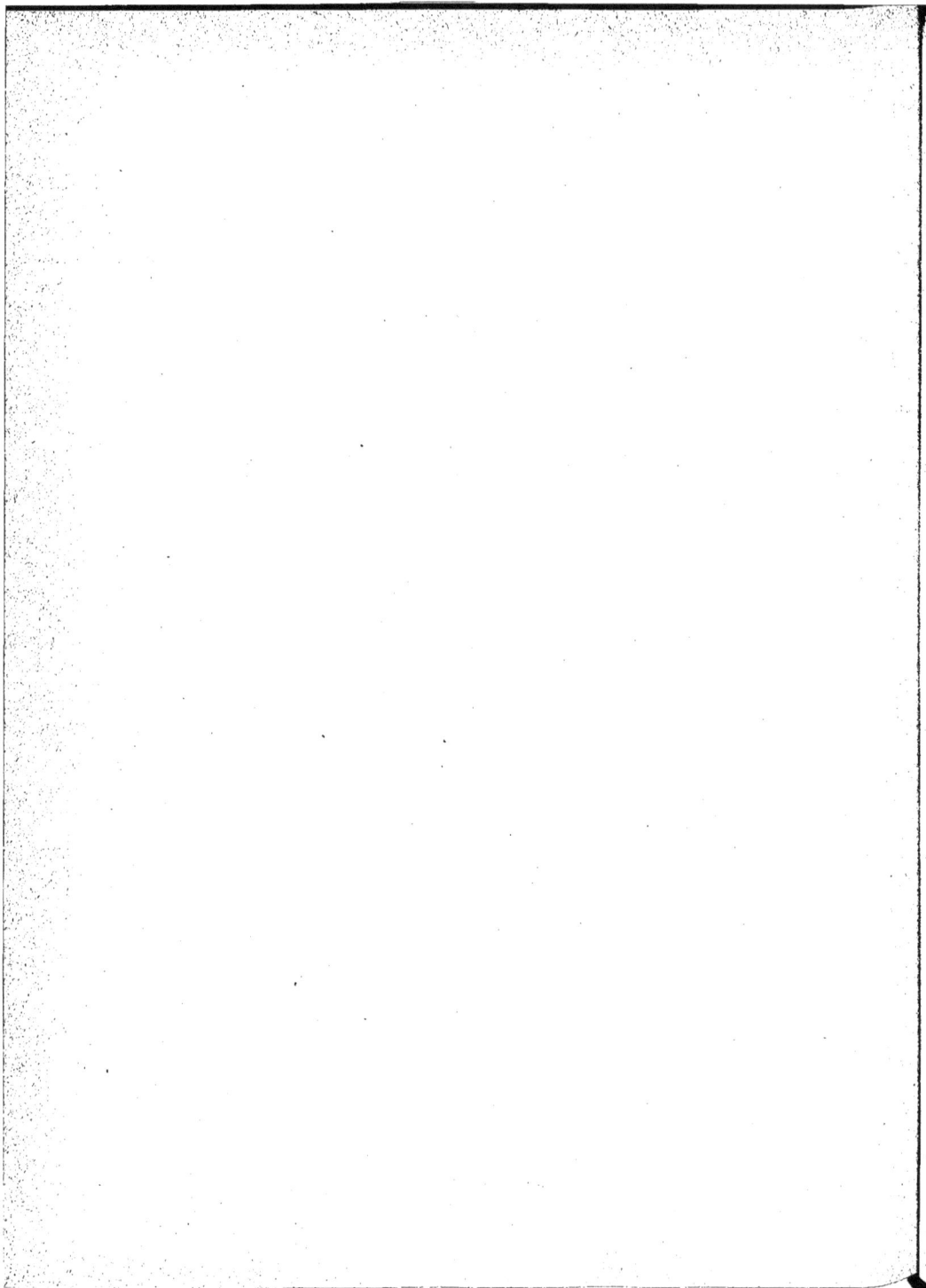

Achevé d'imprimer

le trente avril mil huit cent quatre-vingt-huit

PAR CH. UNSINGER

POUR

E. DENTU, LIBRAIRE-ÉDITEUR

A PARIS

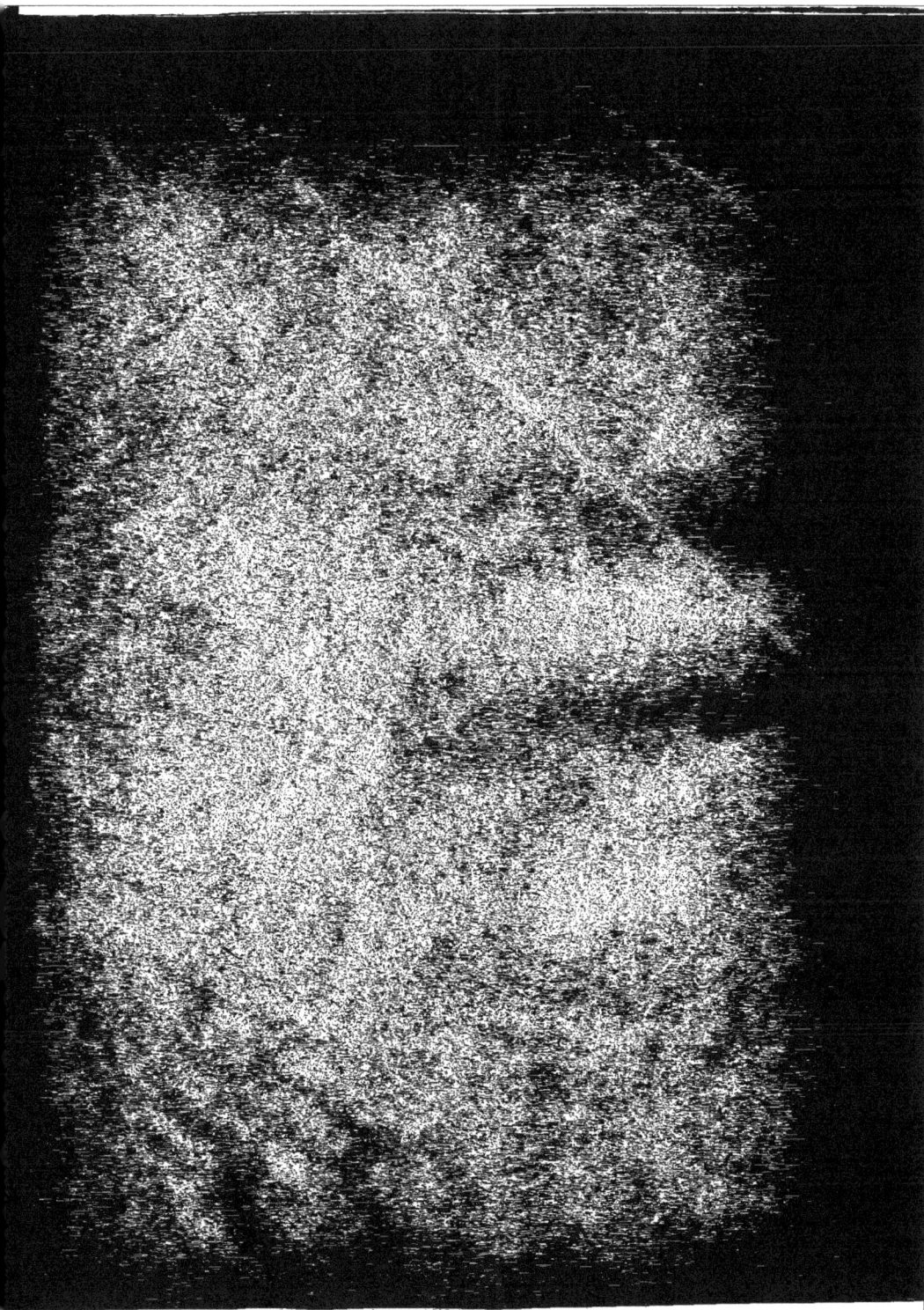

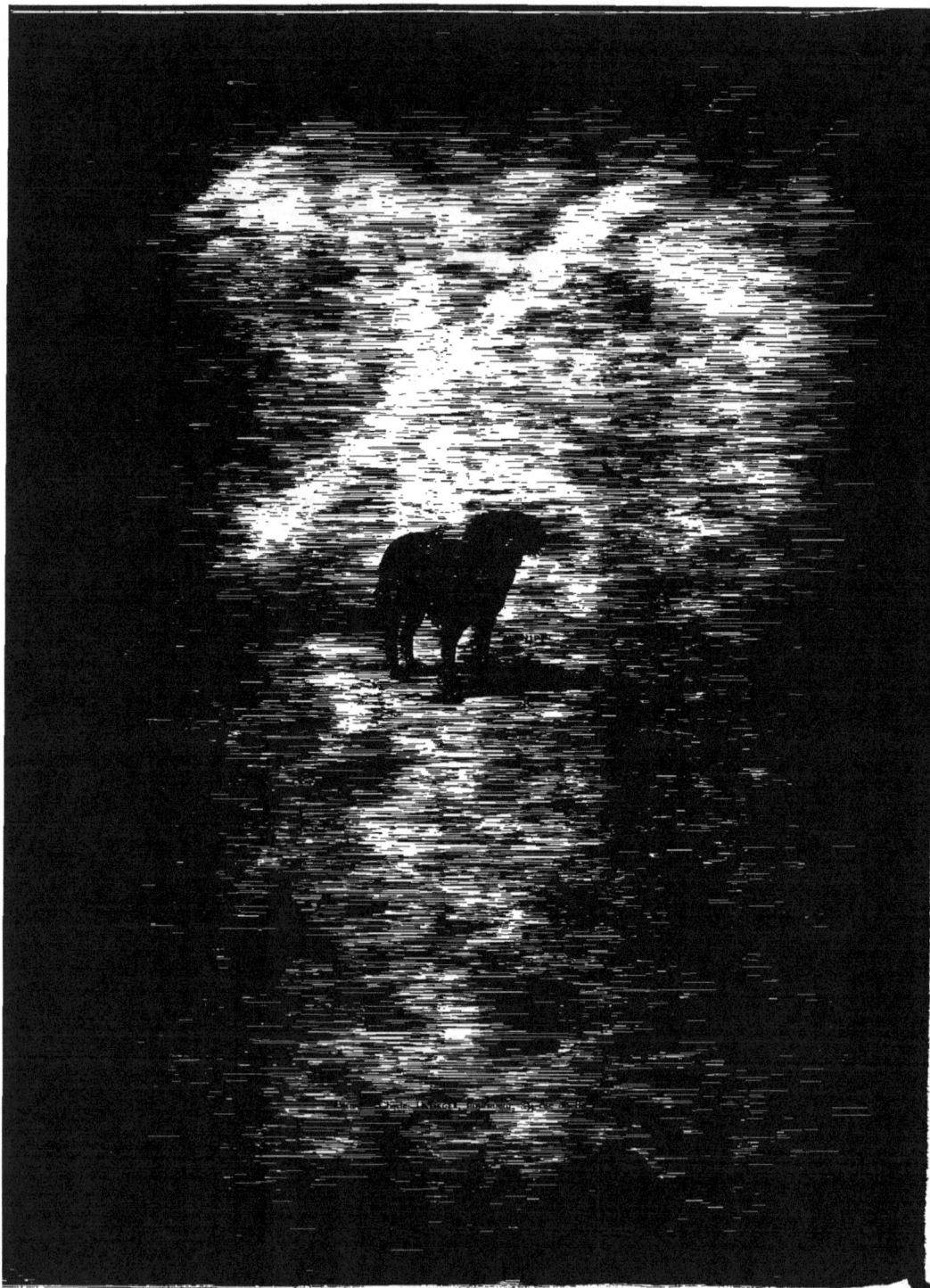

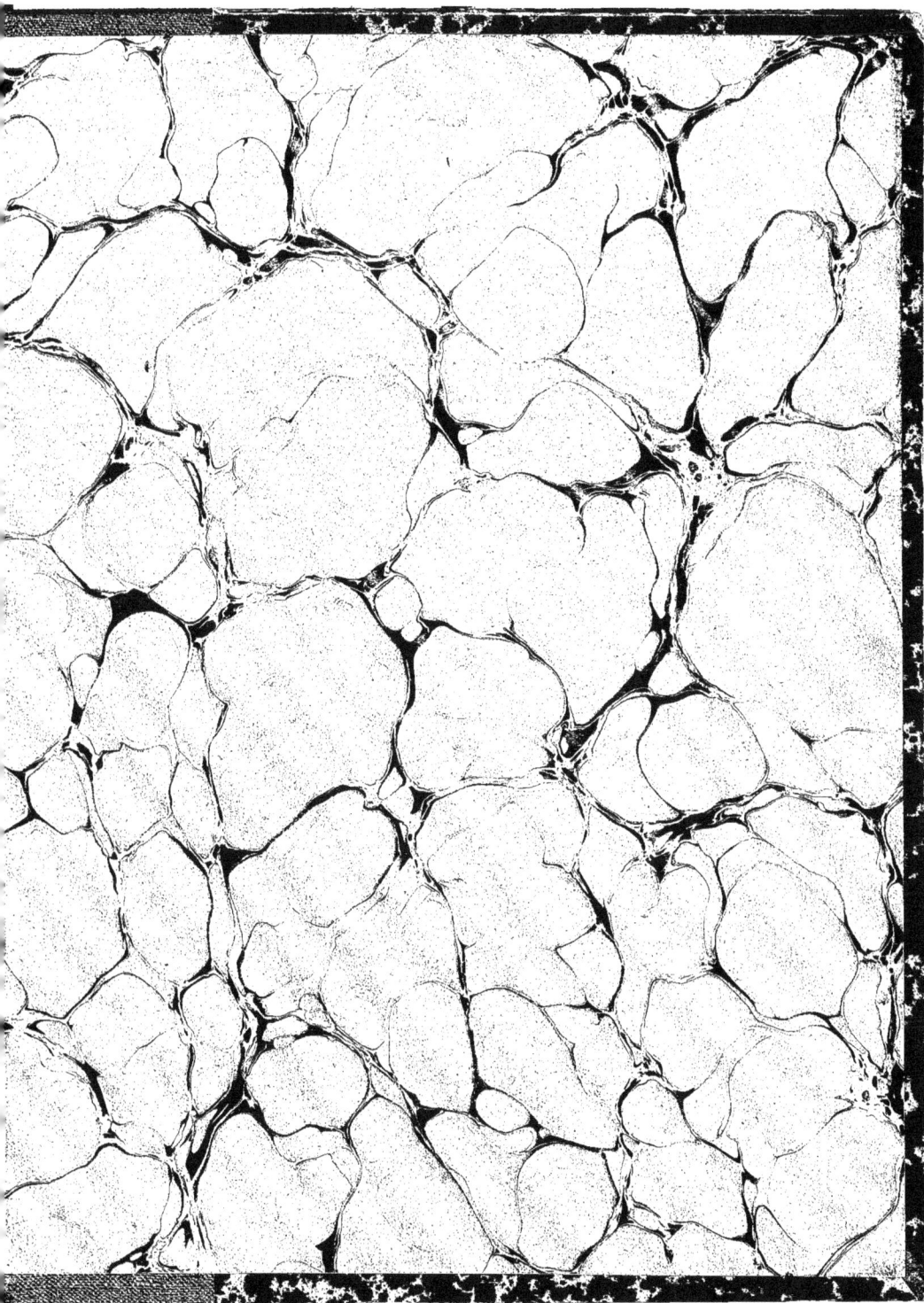

www.ingramcontent.com/pod-product-compliance
Lightning Source LLC
Chambersburg PA
CBHW070252200326
41518CB00010B/1764